Die Analyse des Zufalls

H. E. Timerding

Alpha Editions

This edition published in 2022

ISBN : 9789356902831

Design and Setting By
Alpha Editions
www.alphaedis.com
Email - info@alphaedis.com

VORWORT.

Das Problem des Zufalls ist an sich ein metaphysisches Problem. Es ist es wenigstens, wenn wir Metaphysik als die Theorie des Geschehens auffassen. Die Behandlung des Zufalls scheint daher auch nur nach den alten metaphysischen Methoden möglich, nämlich so, daß für das Geschehen in der Welt eine innerliche Erklärung gesucht wird. Je nachdem, wie diese Erklärung ausfällt, wird die Existenz des Zufalls bejaht oder verneint werden. Auf diese Weise soll aber das Problem des Zufalls hier nicht behandelt werden. Vielmehr soll gerade die naturwissenschaftliche Methode auf dieses Problem angewendet werden. Diese Methode hat im Gegensatz zu der Metaphysik der alten Schulphilosophie das Bezeichnende, daß sie über den Bereich der Erfahrung nicht hinausgeht. Sie besteht zunächst darin, daß die Erscheinungen, die sich unserer Erfahrung darbieten, sorgfältig beobachtet und geordnet werden, indem wir verwandte Erscheinungen zusammenfassen, das Gemeinsame an ihnen herausheben und, wenn wir eine ständige Wiederkehr einer gewissen Gemeinsamkeit beobachten, diese als eine Gesetzmäßigkeit in den Erscheinungen aufzeichnen. Nach dieser Methode haben wir versucht auch hier vorzugehen. Es handelt sich dann nur darum, die Erscheinungen herauszugreifen, die wir als zufällige bezeichnen, und das Gemeinsame an ihnen zu suchen. Dieses Gemeinsame würde innerhalb der Grenzen der Beobachtung das Wesen des Zufalls ausmachen.

Die naturwissenschaftliche Methode geht aber doch noch weiter, indem sie sich ein bestimmtes Bild von den Vorgängen zu machen sucht, die als von gleicher Art zusammengefaßt werden. Dieses wird erreicht, indem man einen besonders einfachen oder übersichtlichen Vorgang unter den zu einer Gruppe zusammengefaßten herausgreift oder indem man zu den wirklich beobachteten noch einen erdichteten Vorgang, ein schematisches Bild, das alle gemeinsamen Züge der wirklich beobachteten Vorgänge zeigt, hinzufügt. Auf der Herstellung solcher schematischer Bilder beruht wesentlich die Anwendung der Mathematik auf Naturvorgänge. Diese Anwendung der Mathematik bildet auch für uns den Hauptzielpunkt. Deswegen sind wir auch hier auf die Herstellung schematischer Bilder für die als zufällig bezeichneten Vorgänge angewiesen. Auf ihnen baut sich die sogenannte Wahrscheinlichkeitsrechnung auf, so wie sie sich im Laufe der drei letzten Jahrhunderte entwickelt hat. Bei dieser Entwickelung sind allerdings lange Zeit auch ontologische Gesichtspunkte maßgebend gewesen, wenngleich dies selten unumwunden eingeräumt wurde. Erst die um die Mitte des vorigen Jahrhunderts (man kann sagen, mit J. F. Fries' Versuch einer Kritik der Prinzipien der Wahrscheinlichkeitsrechnung, Braunschweig 1842) einsetzende Kritik hat nach und nach die ontologischen Bestandteile als solche erkannt und nach Möglichkeit ausgeschieden.

Die Begriffe sind aber auch heute noch nicht so geklärt, daß sie keiner weiteren Erörterung mehr bedürfen. Deswegen schien es in der vorliegenden Darstellung geboten, mit der größten Vorsicht vorzugehen und den begrifflichen Erörterungen einen breiteren Raum zu gewähren. So sind, rein äußerlich genommen, die mathematischen Entwickelungen nur auf einen kleinen Teil des Buches beschränkt, und hierin liegt vielleicht ein gewisser Vorzug, da auf diese Weise auch der Leser, der in der Mathematik weniger zu Hause ist, auf seine Rechnung kommen kann, wenn er nur die wenigen Kapitel, welche die eigentlichen analytischen Entwickelungen enthalten, überschlägt. Was das Buch an begrifflicher Klärung zu geben sucht, wird er auch so im vollen Umfange finden. Über ein gewisses Maß hinaus ließen sich leider die mathematischen Ableitungen nicht vereinfachen. Ich habe sie auf das Notwendigste beschränkt und mich bemüht, nur die gewöhnlichsten Elemente der höheren Analysis als bekannt vorauszusetzen, und wenn jemand sich die Mühe machen sollte, das, was er an analytischen Entwickelungen hier findet, durch die Literatur hindurch zu verfolgen, so wird er feststellen können, daß durch diese kurze Zusammenfassung immerhin eine ziemliche Vereinfachung erreicht ist. Es ist kaum möglich, ohne eigene ergänzende Arbeit sich durch die unsäglich verwickelten und umfangreichen Ableitungen hindurch zu winden, die an keiner Stelle vereinigt sind und deren Resultate meist benutzt werden, ohne auf die Ableitung selbst noch einmal einzugehen. Dadurch geht aber die wirkliche Übersicht über den mathematischen Gehalt dieser Theorie verloren, und eine solche Übersicht auf möglichst knappem Raum zu geben, schien nicht ohne Verdienst zu sein.

Es ist vielleicht gut, noch einmal zu wiederholen, daß es sich hier nicht um eine Darstellung des Inhaltes der Wahrscheinlichkeitsrechnung und auch nicht der Disziplin, die wir seit Fechners grundlegendem Werke als Kollektivmaßlehre bezeichnen, handelt, sondern daß wirklich nur die Klärung eines bestimmten Begriffes die Aufgabe sein soll. Hierbei schien es nötig, den rein kritischen Standpunkt möglichst zu wahren, selbst wenn auf diese Weise die schließlich gewonnenen Resultate in ihrer philosophischen Bedeutung hinter den Erwartungen manches Lesers zurückbleiben. Andererseits darf man doch behaupten, daß sich kaum irgendwo eine Gelegenheit findet, in das Wesen der Dinge durch exakte Methoden so tief einzudringen wie hier. Es fragt sich nur, mit welcher Stufe der Erkenntnis man sich zufrieden geben will. Je kritischer ein Mensch gestimmt ist, um so bescheidener und zurückhaltender wird er sein, wenn er sich das Eindringen in die Ordnung der Natur zur Aufgabe macht.

Bei den Grenzen, die dem Umfang der vorliegenden Schrift gesteckt waren, ließ es sich nicht vermeiden, daß manches nur skizzenhaft geblieben ist. Vielleicht liegt hierin aber kein zu großer Fehler, da das Anregen zum eigenen Nachdenken doch die Hauptaufgabe bleiben muß und die sehr breit gehaltene Darstellung der meisten Untersuchungen über die Grundlagen der Wahrscheinlichkeitsrechnung die leitenden Gesichtspunkte manchmal mehr verhüllt als klar hervortreten läßt. Die Literaturangaben, die ich mache, sollen in keiner Weise Vollständigkeit beanspruchen, sie sollen nur den Anschluß an die neueren literarischen Erscheinungen auf dem behandelten Gebiete zu erreichen suchen.

Das Buch lag in der Handschrift vollendet vor, als der Krieg ausbrach. Was wir seither mit tiefer Erschütterung erfahren haben, hat uns eindringlicher als je „des Zufalls grausende Wunder“ vor Augen geführt, waltet er doch auch in der todbringenden Wirkung der Geschosse. Die Theorie des Zufalls, die wir hier entwickeln, hat in der Tat auf das Schießwesen eine fruchtbare Anwendung gefunden. Ich will nur auf die beiden Werke: Sabudski-Eberhard, Die Wahrscheinlichkeitsrechnung, ihre

Anwendung auf das Schießen und auf die Theorie des Einschießens, Stuttgart 1906, und Kozak, Theorie des Schießwesens auf Grundlage der Wahrscheinlichkeitsrechnung und Fehlertheorie, Wien 1908, verweisen.

Braunschweig, im Februar 1915.

H. E. Timerding.

INHALT.

Erstes Kapitel.

Der Begriff des Zufalls.

Was wir als Analyse des Zufalls bezeichnen, bedeutet nicht den Versuch, in das innere Wesen der Zufallsereignisse an sich einzudringen, es bedeutet vielmehr den Nachweis, daß auch sie, wenn wir sie in ihrer Gesamtheit fassen, einer bestimmten methodischen Behandlung fähig sind, und daß auch in diesen zunächst jeder Gesetzmäßigkeit zu spotten scheinenden Ereignissen eine gewisse Regelmäßigkeit erkennbar ist, wenn wir nicht das einzelne Ereignis für sich, sondern den Einfluß aller gleich gearteten Ereignisse auf das Weltgeschehen ins Auge fassen. Daß das Wort Zufall den direkten Gegensatz zu Gesetzmäßigkeit bedeutet, ist wohl die allgemeine Ansicht. Wir finden sie z. B. in John Stuart Mills Logik (Buch III, Kap. 17) klar ausgesprochen, wo es heißt: „Von Zufall wird gewöhnlich im direkten Gegensatz zu Gesetz gesprochen. Was, so sagt man, keinem Gesetz zugeschrieben werden kann, wird als zufällig angesehen. Es ist indessen gewiß, daß alles, was geschieht, das Resultat eines Gesetzes ist, d. h. die Wirkung von Ursachen, und aus einer Kenntnis des Vorhandenseins dieser Ursachen heraus und ihren Gesetzen gemäß vorausgesagt hätte werden können. Wenn wir eine bestimmte Karte ziehen, ist dies eine Folge von ihrer Lage in dem Haufen. Ihre Lage in dem Haufen war eine Folge von der Art, wie die Karten gemischt wurden oder der Reihenfolge, in der sie bei dem letzten Spiel ausgespielt wurden, und dies wieder Folgen früherer Ursachen. In jedem Stadium wäre es, wenn wir eine genaue Kenntnis der vorhandenen Ursachen besessen hätten, möglich gewesen, die Wirkung vorauszusagen.

„Ein zufällig eintretendes Ereignis läßt sich besser als ein Zusammentreffen beschreiben, aus dem wir keine Regelmäßigkeit schließen können, also als das Eintreten einer Erscheinung unter bestimmten Umständen, ohne daß wir Grund haben zu schließen, dieselbe Erscheinung würde unter diesen Umständen immer wieder eintreten. Wenn wir näher zusehen, bedeutet dies aber, daß die Aufzählung der Umstände nicht vollständig war. Was auch das Ereignis sei, wenn alle Umstände sich wiederholen, würde sich auch das Ereignis wiederholen, ja selbst dann, wenn nur die Umstände sich wiederholen, auf welche das Ereignis immer folgt. Mit den meisten der Umstände ist das Ereignis aber nicht beständig verknüpft, ihre Verbindung mit ihm heißt dann zufällig. Zufällig verknüpfte Ereignisse sind einzeln die Wirkungen von Ursachen und deshalb von Gesetzen, aber von verschiedenen Ursachen und solchen, die unter sich durch kein Gesetz verknüpft sind.

„Es ist deshalb unrichtig zu sagen, daß ein Ereignis durch Zufall herbeigeführt wird, aber wir können sagen, daß zwei oder mehr Ereignisse durch Zufall verknüpft sind, daß sie nur durch Zufall zusammen bestehen oder aufeinander folgen, d. h. daß sie in keiner Weise ursächlich verknüpft sind, daß sie weder Ursache und Wirkung noch Wirkungen derselben Ursache noch Wirkungen unter sich gesetzmäßig verknüpfter Ursachen sind.“

Der Begriff erscheint hiermit zugleich in eine Form gebracht, in der er sich mit der durchgängigen Gesetzmäßigkeit alles Naturgeschehens, welche die moderne Wissenschaft annimmt, in Einklang bringen läßt. Die Auffassung, die John Stuart Mill hier befürwortet, findet sich schon früher bei

Schopenhauer ausgesprochen, der in seinem Hauptwerk Die Welt als Wille und Vorstellung (3. Aufl. 1859, Bd. 1, S. 550) sagt: „Das kontradiktorische Gegenteil, d. h. die Verneinung der Notwendigkeit ist die Zufälligkeit. Der Inhalt dieses Begriffes ist daher negativ, nämlich weiter nichts als dieses: Mangel der durch den Satz vom Grunde ausgedrückten Verbindung. Folglich ist auch das Zufällige immer nur relativ: nämlich in bezug auf etwas, das nicht sein Grund ist, ist es ein solches. Jedes Objekt, von welcher Art es auch sei, z. B. jede Begebenheit in der wirklichen Welt, ist allemal notwendig und zufällig zugleich: notwendig in der Beziehung auf das eine, das ihre Ursache ist; zufällig in Beziehung auf alles übrige. Denn ihre Berührung in Zeit und Raum mit allem übrigen ist ein bloßes Zusammentreffen, ohne notwendige Verbindung, daher auch die Wörter Zufall, συμβεβηκός, contingens. So wenig daher, wie ein absolut Notwendiges, ist ein absolut Zufälliges denkbar. Denn dieses letztere wäre eben ein Objekt, welches zu keinem anderen im Verhältnis der Folge zum Grunde stände. Die Unvorstellbarkeit eines solchen ist aber gerade der negativ ausgedrückte Inhalt des Satzes vom Grunde, welcher also erst umgestoßen werden müßte, um ein absolut Zufälliges zu denken: dieses selbst hätte aber alsdann auch alle Bedeutung verloren, da der Begriff des Zufälligen solche nur in Beziehung auf jenen Satz hat, und bedeutet, daß zwei Objekte nicht im Verhältnis von Grund und Folge zueinander stehen. In der Natur, sofern sie anschauliche Vorstellung ist, ist alles, was geschieht, notwendig, denn es geht aus seiner Ursache hervor. Betrachten wir aber dieses Einzelne in Beziehung auf das Übrige, welches nicht seine Ursache ist, so erkennen wir es als zufällig; dies ist aber schon eine abstrakte Reflexion.“

Diese „abstrakte Reflexion“, die einerseits den Begriff des Zufälligen auf alle Ereignisse ausdehnt, ihn aber anderseits rein relativ wendet, indem immer nur ein Ereignis in bezug auf ein anderes oder das räumliche oder zeitliche Zusammentreffen zweier Ereignisse als zufällig bezeichnet werden kann, unterliegt aber doch einigen Bedenken. Zunächst nämlich bedeutet der durchgängige Zusammenhang alles Geschehens nicht, daß zu jedem Ereignis ein anderes gefunden werden kann, das von jenem die „Ursache“ ist, während mit allen anderen Ereignissen kein solcher Zusammenhang besteht, sondern die ursächliche Verknüpfung durchzieht den Bereich aller Vorgänge in der Welt. Eine Abänderung des Geschehens an irgend einer Stelle würde sich in ihren Folgen über die ganze Welt ausbreiten. Es ist dies das Prinzip, das Kant als Prinzip der Wechselwirkung in aller Schärfe formuliert hat. Nach diesem Prinzip würde ein Zufall im strengen Sinne des Wortes auch dann unmöglich sein, wenn man den Begriff in der angegebenen Weise nur relativ fassen will. Er läßt sich nur so rechtfertigen, daß man durch das Zufallsurteil bloß das Fehlen einer engeren kausalen Verknüpfung aussprechen will, ähnlich wie man bei zwei Menschen sagt, sie seien nicht verwandt, auch wenn sich, indem man weit genug in der Ahnenreihe zurückgeht, eine genealogische Beziehung zwischen ihnen finden läßt.

Man könnte ferner den Einwand erheben, daß der Begriff des Zufalls auf diese Weise viel enger gefaßt wird, wie es dem allgemeinen Gebrauch des Wortes entspricht. Denn dieses soll hier nur auf das Zusammentreffen zweier Ereignisse angewandt werden, es wird aber ohne Zweifel auch von einem einzelnen Ereignis gebraucht. Man kann sogar ohne weiteres die erste Bedeutung unter der zweiten als besonderen Fall begreifen, indem man dann eben das Zusammentreffen zweier bestimmter Geschehnisse als das Zufallsereignis ansieht. Ein jedes Ereignis ist ja im Grunde aus verschiedenen Momenten zusammengesetzt, die sich nur nicht immer bequem trennen lassen, so daß es keine künstliche und willkürliche Ausdeutung ist, wenn man auch z. B. den Witterungsumschlag bei Mondwechsel als ein Ereignis ansieht.

Auf diese allgemeinere Fassung des Begriffes „Ereignis" als eines beliebigen Ausschnittes aus dem Weltgeschehen läßt sich allerdings die Schopenhauersche Auffassung sofort übertragen. Sie bedeutet, daß das Ereignis als zufällig bezeichnet wird, wenn in ihm mehrere voneinander unabhängige Kausalreihen zusammenstoßen. Ganz in diesem Sinne sagt auch z. B. Cournot (Exposition de la théorie des chances et des probabilités, Paris 1843): „L'idée du hasard est celle du concours de causes indépendantes pour la production d'un évènement déterminé."

Die Frage bleibt aber: Wie sollen wir die zwei voneinander unabhängigen Kausalreihen auffassen? Müssen wir nicht sagen, wir nennen die Kausalreihen nur darum voneinander unabhängig, weil wir ihren Zusammenhang in dem vorliegenden besonderen Falle nicht erkennen können? Dann entspringt das Zufallsurteil nur einer Unvollkommenheit unserer Erkenntnis, und in dieser subjektiven Form sind die Zufallsurteile auch häufig aufgefaßt worden.

Schon an der Schwelle der neueren Philosophie hat Spinoza aus dem allgemeinen Gesetz der Kausalität die Folgerung gezogen (Ethik I, Prop. 29): „In der Natur gibt es nichts Zufälliges." In dem Scholion zu Prop. 33 sagt er weiter: „Zufällig wird ein Ding nur wegen unserer mangelhaften Erkenntnis genannt." Danach definiert er den Zufall: „Ein Ding, von dem wir nicht wissen, ob sein Wesen einen Widerspruch in sich schließt oder von dem wir gewiß wissen, daß es keinen Widerspruch in sich schließt, ohne aber über seine Existenz etwas Sicheres behaupten zu können, weil die Ordnung der Ursachen uns verborgen ist, ein solches Ding kann uns weder als notwendig noch als unmöglich erscheinen und darum nennen wir es entweder zufällig oder möglich" (möglich offenbar, wenn seine Wirklichkeit unbekannt ist, zufällig, wenn sein Vorhandensein feststeht). In ähnlichem Sinne sagt Hume (Philosophical Essays concerning human understanding): „Obwohl es nicht so etwas wie den Zufall in der Welt gibt, so hat doch unsere Unbekanntschaft mit der wirklichen Ursache denselben Einfluß auf die Erkenntnis und erzeugt eine solche Art von Glauben oder Meinung, als ob es einen Zufall gäbe."

Ob man so den Zufallsbegriff rein subjektiv faßt, indem man ihn auf eine Unvollkommenheit unserer Erkenntnis zurückführt, oder ob man ihm eine relative Bedeutung auch im objektiven Sinne läßt, indem man nicht unsere mangelnde Einsicht in das Zustandekommen des Ereignisses, sondern bei dem wirklichen Zustandekommen eine gewisse Besonderheit, eine gewisse Unabhängigkeit der verschiedenen Ursachen betont, immer hat der Zufall als Gegenteil der Notwendigkeit an sich keine absolute Bedeutung, solange man an dem Kausalitätsprinzip festhält, daß jedes Geschehen in der Welt durch seine Ursachen mit Notwendigkeit bestimmt ist.

Wenn wir aber den landläufigen Gebrauch des Wortes Zufall ansehen, so ist noch immer nicht der eigentliche Kernpunkt berührt. Was den Begriff des Zufalls nahelegt, ist nicht das Fehlen einer Ursache, sondern das Mißverhältnis zwischen der Ursache und der Wirkung, wenn wir sie nach ihrer Bedeutung für uns selbst beurteilen. Wenn ein Spieler sein Hab und Gut auf einen Wurf setzt, so wird es wenig für ihn ausmachen, daß der Würfel nach bestimmten mechanischen Gesetzen seine Bewegung ausführt, und daß so auch seine Endlage bestimmt ist. Die Einzelheiten bei dem Vorgang des Würfelns sind so geringfügig und unkontrollierbar, das Resultat aber ist so bestimmend für das Wohl und Wehe des Spielers, daß die naturgesetzliche Notwendigkeit beim Rollen des Würfels ganz außer Betracht bleibt. Das, was wir im Leben Zufall nennen, bedeutet, wenn wir an dem naturwissenschaftlichen Standpunkt festhalten, eine den menschlichen Verhältnissen gegenüber empfundene krasse Ungleichwertigkeit der Ursache und der Wirkung.

Gerade solche Ereignisse, wo ein ursächlicher Zusammenhang durch die nach den Grundsätzen der exakten Wissenschaft geleitete Erfahrung wohl angenommen werden kann, aber die Wirkung eine unverhältnismäßig große ist, wie bei einer Feuersbrunst, die ein vom Winde verwehter Funke hervorruft, geben jedoch einen neuen Anlaß, den Zufall zu leugnen. Diese Leugnung beruht auf einer Beseitigung der Erklärung alles Weltgeschehens nach den Grundsätzen der kausalen Notwendigkeit und einer an die Stelle dieser Erklärung tretenden Zwecksetzung in allen Vorkommnissen des menschlichen und außermenschlichen Lebens, mit anderen Worten, auf der Vertauschung des ätiologischen mit dem teleologischen Standpunkt. Wenn wir dort von einer W i r k u n g sprechen, reden wir hier von einer S c h i c k u n g. Die Ereignisse des Würfelspieles sind typisch zufällig, was das natürliche Zustandekommen betrifft. Nach Möglichkeit sind alle Ursachen entfernt, die auf das Eintreten eines bestimmten Wurfes hinwirken. Und doch, wenn jemand an einem Tage durch fortgesetzte unglückliche Würfe erhebliche Verluste erleidet, sagt er nicht: das war Zufall, sondern: ich habe heute kein Glück. An Roulettetischen beobachten die Spieler die Spielerfolge, bis sie selbst mitspielen. Sie glauben dann zu finden, daß an einem Tage eine bestimmte Zahl begünstigt sei und setzen auf diese. Eine solche Begünstigung kann, wenn sie vorhanden ist, offenbar nicht auf denselben Grundsätzen beruhen, auf denen wir die Naturwissenschaft aufbauen. Es handelt sich nicht um einen physikalischen Einfluß (influxus physicus), sondern eine metaphysische Wirkung (influxus metaphysicus). Diese Auffassung wird uns in allen Fällen besonders nahegelegt, wo es sich um Ereignisse handelt, die auf das Leben der Menschen eine einschneidende Wirkung ausüben, und wo damit das Mißverhältnis um so empfindlicher wird zwischen der Bedeutung der Wirkung und der scheinbar sinnlosen Verkettung von Umständen, welche diese Wirkung herbeigeführt haben. Wir ersetzen dann die fehlende Ursache durch einen Grund, der sich unserer Erkenntnis entzieht, den wir nur annehmen und als Schicksal bezeichnen. Diesen Gedanken hat z. B. Goethe, dem sonst die metaphysische Spekulation wenig lag, mit großer Liebe gepflegt. Er sah das Walten des Schicksals auch da, wo es scheinbar als Zufall auftritt. Was die Menschen so nennen, ist eben Gott, der hier unmittelbar mit seiner Allmacht eintritt und das Geringfügigste verherrlicht (vgl. Siebeck, Goethe als Denker, 2. Aufl. 1905, S. 143).

Dagegen äußerte schon Spinoza über diejenigen, welche alles Geschehen auf den Willen Gottes zurückführen (Ethik I, Anhang): „Es darf nicht unerwähnt bleiben, daß Anhänger dieser Lehre, welche im Angeben der Zwecke der Dinge ihren Scharfsinn zeigen wollen, eine neue Art der Beweisführung aufgebracht haben, um diese ihre Lehre glaublich zu machen. Sie führen diese nämlich nicht auf die Unmöglichkeit, sondern auf die Unwissenheit zurück; was zeigt, daß ihnen kein anderes Beweismittel für diese Lehre zu Gebote stand. Wenn z. B. ein Stein von einem Dache auf den Kopf eines Menschen fällt und ihn tötet, so beweisen sie, der erwähnten Methode gemäß, daß der Stein gefallen sei, um den Menschen zu töten, folgendermaßen: Wäre der Stein nicht zu eben diesem Zwecke nach dem Willen Gottes heruntergefallen, wie mochten da so viele Umstände (denn oft treffen viele zusammen) durch Zufall zusammentreffen? Antwortet man, es sei so gekommen, weil der Wind wehte, und weil der Mensch gerade dort vorbeiging, so wenden sie dagegen ein: Weshalb hat der Wind gerade damals geweht? Warum ist der Mensch gerade damals dort vorbeigegangen? Erwidert man darauf: Der Wind fing damals zu wehen an, weil das Meer tags zuvor, bei noch ruhigem Wetter, in Bewegung kam, und der Mensch ging damals dort vorbei, weil er von einem Freunde eingeladen war, so wenden sie — da das Fragen keine Grenzen hat — abermals ein: Warum aber kam das Meer in Bewegung? Warum war der Mensch damals eingeladen? Und so werden sie nicht aufhören, fort und fort nach den Ursachen der Ursachen zu fragen, bis man zum Willen Gottes seine Zuflucht nimmt, d. h. zum Asyl der Unwissenheit.“

Der Kern des angewendeten Beweisganges wäre sonach der: Wir können in dem Geschehen keinen nach menschlichen Begriffen vernünftigen Sinn erkennen, wenn wir nicht annehmen, daß eine bestimmte, allerdings uns verborgene Absichtlichkeit und Zweckmäßigkeit in den Begebenheiten liegt, die unser Leben entscheidend beeinflussen. Unter dem Einfluß der Naturwissenschaften sind wir geneigt, einer solchen Auffassung wenigstens in ihrer Anwendung auf die Vorgänge in der Natur jede Berechtigung abzusprechen, vielmehr suchen wir diese Vorgänge nach anderen Grundsätzen zu erfassen, die sich auf der Vorstellung eines naturnotwendigen Geschehens, d. h. bestimmter stets wiederkehrender Zusammenhänge aufbauen. Kant nennt einmal (Metaphysische Anfangsgründe der Naturwissenschaft, S. 99) den blinden Zufall und das blinde Schicksal in der metaphysischen Weltwissenschaft „einen Schlagbaum für die herrschende Vernunft, damit entweder Erdichtung ihre Stelle einnehme oder sie auf dem Polster dunkler Qualitäten zur Ruhe gebettet werde“.

Aber wo es sich wie hier und in jeder logischen Untersuchung um die Ideenbildung an sich handelt, kann auch die für die ganze Lebensauffassung bedeutsame Idee der Schicksalsbestimmung nicht außer acht gelassen werden. Diese Idee verdankt ihren Ursprung wesentlich dem Gefühl der Machtlosigkeit alles menschlichen Strebens fremden Einwirkungen gegenüber, die im Gegensatz zu den planvollen menschlichen Handlungen als sinnlos und unbegreiflich erscheinen. Alles Ringen und Streben wird durch einen tückischen Eingriff äußerer Umstände zunichte gemacht. In diesem Sinne ist es völlig gleichgültig, ob der äußere Eingriff einem naturgesetzlichen Geschehen oder einer regellosen Willkür entspringt. Wenn wir in den Folgen des Zusammenstoßes zweier Eisenbahnzüge die gesetzmäßige Wirkung der als lebendige Kraft bezeichneten physikalischen Größe erkennen, so ist das ein geringer Trost für die Verunglückten und ihre Angehörigen. In den gesetzmäßigen Wirkungen der Natur spielt die Rücksichtnahme auf das menschliche Wohl und Wehe keine Rolle. Der Mensch ist hineingestellt in ein Spiel von Kräften, die sich mit dem Sinn seines Lebens von vornherein nicht berühren.

Gerade weil die äußeren Einwirkungen auf das Leben des

Menschen so plötzlich und unerwartet kommen können, weil es so schwer ist, in ihnen einen Sinn und einen Plan zu entdecken, werden sie vom naiven Verstande als der Ausfluß einer der menschlichen Zweckbestimmungen gegenüberstehenden, aber im Vergleich zu ihr übermächtigen Entscheidung angesehen. Der landläufige Begriff des Zufalls wird durch den Kausalbegriff im naturwissenschaftlichen Sinne überhaupt nicht getroffen. Er bezieht sich nur auf die Leugnung der Zweckbestimmung, entweder die unmittelbar durch die menschliche Tätigkeit bedingte oder die in das außermenschliche Geschehen nach Analogie der menschlichen Tätigkeit hineingelegte. Zufall oder Schicksal, das ist meistens die Frage, nicht Zufall oder Naturgesetz. So sind auch die Überlegungen, die von rein menschlicher Seite her an die Glücksspiele angeknüpft werden, nicht auf physische, sondern auf metaphysische Zusammenhänge zu beziehen. Die Frage lautet nicht, ob die physikalischen Vorgänge beim Glücksspiel, etwa beim Rollen der Roulettekugel, auf einer physikalischen Gesetzmäßigkeit beruhen oder nicht, sondern um was es sich handelt, ist, in den Resultaten des Spieles eine bestimmte Schickung zu sehen, teils das Walten einer ausgleichenden Gerechtigkeit, teils ein Bevorzugen bestimmter Glückskinder. Vom naturwissenschaftlichen Standpunkt aus sind solche Zusammenhänge, die außerhalb des physischen Geschehens liegen, nicht zu verstehen. Damit sollen sie nicht von vornherein geleugnet sein, sie müssen nur außer acht gelassen werden, wenn man mit den Methoden der Naturwissenschaft operieren will.

In welchem Sinne nun auch das Wort Zufall verstanden wird, ob wir es auf das physische Geschehen und sein Erfassen mit den Methoden der modernen Naturwissenschaft, oder ob wir es auf die aus der Beurteilung des Geschehens nach der Analogie der menschlichen Handlungen entspringende metaphysische Auffassung beziehen wollen, immer ist die Bedeutung die Leugnung eines bestimmten Zusammenhanges. Zufällig ist ein Ereignis, wenn es nicht aus anderen Ereignissen oder bestimmten, als gegeben angesehenen Prämissen nach festen Regeln oder nach bestimmten Vernunftgründen gefolgert werden kann. Die physische und die metaphysische Seite vereinigen sich in der Leugnung des Zufalls, die metaphysische, indem sie sagt: alles entspringt einer festen Zweckbestimmung, die physische, indem sie den Satz aufstellt: alle Ereignisse folgen aus anderen nach gesetzmäßigen Zusammenhängen mit unbedingter Notwendigkeit. Was aber Zufall und Notwendigkeit im physikalischen Sinne betrifft, so ist zunächst zu sagen, daß in dieser Allgemeinheit ausgesprochen der Satz „Es gibt keinen Zufall“ wieder über die Grenzen der Erfahrung hinausgeht, vielmehr eine Hypothese bedeutet. Diese Hypothese hat keinen heuristischen Wert, sondern dient nur zur Abklärung des Weltbildes.

Wenn nun auch in solchem dogmatischen Sinne der Zufall geleugnet wird, sei es von einem ätiologischen oder einem teleologischen Standpunkte aus, so bedeutet dies noch nichts gegen die Verwendung des Wortes in einem einfachen pragmatischen Sinne. Wenn wir sagen: „Es ist ein Zufall, wenn sich bei wechselndem Mond das Wetter ändert“, so verbinden wir damit einen bestimmten Sinn, der weder der Zweckbestimmung in der Schöpfung noch der durchgängigen Kausalität alles Geschehens widerspricht. Wir meinen nämlich damit nur, daß unter den Momenten, die wir als bestimmend für die Wetterlage ansehen müssen, der Mondwechsel keine Stelle findet. Was in dem einzelnen Falle als bestimmend für ein Ereignis oder, wenn man will, als dessen Ursache auftritt, bedeutet doch immer eine bestimmte Gruppe von Erscheinungen, und wir brauchen nicht den ganzen Weltenraum und die ganze Ewigkeit zu durchforschen, um diese Ursachen für ein Ereignis anzugeben. Im Gegenteil beruht jede naturwissenschaftliche Erkenntnis darauf, daß wir bestimmte wenige Ereignisse als maßgebend für das Eintreten eines anderen Ereignisses herausheben. So finden wir als Ursachen für die Ausdehnung der Luft die Steigerung der Temperatur oder die Verringerung des Druckes und können einen bestimmten gesetzmäßigen Zusammenhang angeben, der diese drei Größen verknüpft, so daß, wenn zwei davon bekannt sind, die dritte sofort gefunden werden kann.

Eine solche Bestimmung des Erfolges aus gewissen, durch Beobachtung zu ermittelnden Momenten ist aber z. B. nicht möglich, wenn wir angeben sollen, auf welchem Felde der Scheibe beim Roulettespiel die Kugel liegen bleiben wird. Darum haben wir ein Recht, dieses Ereignis des Roulettespieles als ein zufälliges zu bezeichnen, weil wir den schließlichen Erfolg nicht aus einer bestimmten Gruppe von beobachtbaren Erscheinungen ableiten, d. h. als eine regelmäßig eintretende Folge dieser Gruppe von Erscheinungen erkennen können. Aus den beobachtbaren Ereignissen, die in diesem Falle die Bedingungen des Spieles bilden (wohin neben der sorgfältigen Anfertigung des zum Spiel dienenden Apparates auch die genaue horizontale Aufstellung der Roulettescheibe und ein genügender Impuls der Roulettekugel gehört) folgt nur, daß die Kugel auf einem der Felder liegen bleiben muß, aber nicht, auf welchem Felde. Demnach würde es, um ein Ereignis als zufällig bezeichnen zu dürfen, genügen, wenn alle erfahrungsmäßig feststehenden Umstände, die bei einem Ereignis in Betracht kommen, dieses Ereignis noch nicht bestimmen, vielmehr es, wenn alle diese Umstände erfüllt sind, eintreten, aber auch ausbleiben kann.

So kommen wir auf einen engen Zusammenhang des Zufallsbegriffes mit dem Begriffe der Möglichkeit. Denn als Möglichkeit ist es anzusehen, wenn weder das Eintreten noch das Ausbleiben eines Ereignisses als gewiß erscheint. Ein bloß mögliches Ereignis kann eintreten, kann aber auch ausbleiben.

Wir müssen aber nach allem, was wir bis jetzt entwickelt haben, sagen, ein Ereignis könne ebensogut eintreten wie ausbleiben, wenn aus allen beobachtbaren Umständen, die bei diesem Ereignisse in Betracht kommen, noch nicht geschlossen werden kann, daß das Ereignis eintreten wird. Auf diese Weise vermeiden wir sowohl jede metaphysische Färbung als auch eine rein subjektive Fassung des Möglichkeitsbegriffes. Allerdings müssen wir betonen, daß der Begriff der empirischen Bestimmbarkeit ein unsicherer und schwankender ist. Was heute noch nicht bestimmbar ist, kann es morgen werden. Umstände brauchen nicht unmittelbar beobachtbar zu sein, damit wir ihnen einen bestimmten Charakter, nämlich den gleichen Charakter, den wir an unmittelbar beobachtbaren Umständen festgestellt haben, zuschreiben. Die Analogiebildung spielt eine wesentliche Rolle in der naturwissenschaftlichen Erkenntnis und ist nicht zu entbehren. Die Vorgänge im lebenden Körper sind zum größten Teil unbestimmbar, aber wir zweifeln nicht, daß sie von derselben Art sind wie andere Vorgänge, die wir kennen. Unbestimmbar zu sein, bedeutet an sich keinen besonderen und einheitlichen Charakter. Es tritt immer der Gedanke hinzu, ob wir uns ein Bild machen können von Vorgängen, die, wenn wir sie beobachten könnten, das Ereignis als aus ihnen ableitbar erscheinen ließen.

Beim Roulettespiel sind solche Vorgänge nicht vorhanden, was geschieht, ist unmittelbar zu beobachten. Die Kugel liegt offen auf der Scheibe und wird dadurch in Bewegung gesetzt, daß die Scheibe selbst durch einen ihrer Achse mitgeteilten Impuls in rasche Drehung versetzt wird. Wir könnten allerdings aus der Stärke des Impulses, wenn sie uns genau bekannt wäre, die Bewegung der Kugel und ihre Endlage nach den Grundsätzen der Mechanik ableiten, aber die Entscheidung, auf welchem Felde die Kugel liegen bleiben wird, hängt von solchen geringen Differenzen des Impulses und von Fall zu Fall wechselnden kleinen besonderen Vorgängen bei der Bewegung der Kugel auf der rotierenden Scheibe ab, daß sie sich jeder Bestimmung entzieht. Daher haben wir hier wirklich den Typus des zufälligen Ereignisses vor uns.

Wir können nun andere Vorgänge bilden, die den beim Roulettespiel vorliegenden gleichartig sind, dahin gehören die Ziehungen der Lose bei den Lotterien oder die Ziehungen einer Kugel aus einer Urne, die Kugeln von verschiedener Farbe gemischt enthält, das Würfeln mit einem oder mehreren Würfeln und dergleichen mehr. Solche Vorgänge sind es, auf denen wir die Glücksspiele aufbauen. Wo diese Vorgänge nicht willkürlich zum Zweck des Glücksspiels herbeigeführt werden, aber doch eine dem Glücksspiel ähnliche Abmachung getroffen wird, spricht man bekanntlich nicht von einem Spiel, sondern von einer Wette. Es liegt in der Natur der Sache, daß eine Wette auch da vorliegen kann, wo die hauptsächlichste Bedingung eines Glücksspieles, die vorherige Unbestimmbarkeit des Erfolges, nicht erfüllt ist. In vielen Fällen ist sie es aber, z. B. wenn bei einer Seefahrt auf die letzte Ziffer in der Anzahl der an einem bestimmten Tage zurückgelegten Seemeilen gewettet wird. Diese letzte Ziffer hängt in der Tat von unbestimmbaren Einflüssen ab.

Fassen wir das allgemeine Ergebnis, zu dem wir vorläufig gelangt sind, kurz zusammen, so ist es dieses, daß sich, auch wenn wir von einer durchgängigen Kausalität alles Geschehens ausgehen, gewisse Ereignisse herausheben, die wir als zufällige bezeichnen dürfen. Ein wesentliches Merkmal dieser Ereignisse ist, daß wir vorher nicht entscheiden können, ob sie eintreten werden oder nicht, daß sie also vor ihrem Eintreten nur als möglich, aber auf keine Weise als notwendig erscheinen. Es sind solche Ereignisse, bei denen die uns mögliche ursächliche Bestimmung, selbst wenn wir sie über die unmittelbare Erfahrung hinaus durch Analogiebildung ergänzen, als nicht ausreichend befunden wird.

Zweites Kapitel.

Die statistische Methode.

Erscheint als das Bezeichnende der zufälligen Ereignisse zunächst die Unmöglichkeit einer vollständigen kausalen Erklärung und damit einer Voraussage ihres Eintretens, wenn alle beobachtbaren Bedingungen des Ereignisses bekannt sind, so wird man sagen, dann hat das Zufällige überhaupt den Charakter der Unerkennbarkeit. Es lohnt nicht, weiter darüber zu reden. Und doch erweisen sich die Zufallsereignisse als eine Quelle sehr weitgehender Betrachtungen, selbst dann, wenn wir außerstande sind, den Zusammenhang des Geschehens in ihnen vollständig zu durchschauen.

Diese Betrachtungen gehen davon aus, daß wir in den Zufallsereignissen eine gewisse innere Gleichartigkeit zu erkennen suchen. Das gibt uns die Möglichkeit, sie uns durch Analogiebildung näher zu rücken. Wir greifen gewisse typische Ereignisse unter ihnen heraus, bei denen die Gesamtheit der beobachtbaren Bedingungen willkürlich geschaffen werden. Diese Ereignisse sind die Glücksspiele. Wir schaffen uns so aus den Glücksspielen ein Mittel, um die Besonderheit der Zufallsereignisse allgemein zu beurteilen. Wir vergleichen die Zufallsereignisse mit Glücksspielen, indem wir das Wort Vergleich aber nicht im poetischen Sinne, sondern im Sinne der Zusammenstellung zahlmäßiger Resultate verstehen.

Von vornherein erscheinen zwei Wege gangbar, um der Eigenart des Zufälligen näher zu kommen. Entweder man sucht sich einen Mechanismus des Geschehens zu denken, der im Resultat mit den beobachteten Zufallsereignissen übereinstimmt, und überträgt das innere Wesen dieses Mechanismus auf alle Zufallsereignisse. Das wollen wir eine genetische Erklärung des Zufalls nennen. Oder aber man stellt nur die Ereignisse zusammen, die bei der statistischen Zählung gleiche Resultate liefern, ohne weiter auf ihr Zustandekommen einzugehen. Man hält nur das im statistischen Ergebnis Gleichartige nebeneinander und sieht mit diesem Nebeneinanderhalten die Aufgabe als erledigt an. Dies Verfahren wollen wir als die statistische Methode bezeichnen.

Auf den ersten Weg deutet W. Wundt in seiner Logik (1. Bd., 5. Abschn., 1. Kap., 3c) hin, der zunächst die Bedeutung des Zufalls als einer Durchbrechung der Notwendigkeit des Geschehens hervorhebt.

Er betont, daß es doch eine Auffassung gibt, die eine wissenschaftliche Theorie des Zufälligen ermöglicht. Kurz gesagt ist diese Auffassung die, daß wohl auch das Zufällige auf einer durchgängigen Kausalität beruht, daß aber bei einem zufälligen Ereignis die Ursachen wenigstens teilweise einen solchen besonderen Charakter haben, daß sie sich unserer Beobachtung entziehen. Von der wirklichen kausalen Entstehung des zufälligen Ereignisses sind daher bestimmte Aussagen zu machen, und wir können von einem objektiven Charakter der zufälligen Ereignisse sprechen, ohne daß wir darum den Gedanken einer durchgängigen Kausalität aufgeben.

Auf diese Weise scheint die Schwierigkeit völlig gehoben. Wir finden eine Betrachtung, die den Grundsätzen der naturwissenschaftlichen Forschung nicht widerspricht und die uns doch die Möglichkeit gibt, den Begriff des Zufälligen auch in einer objektiven Bedeutung zu erhalten. Damit scheint diese genetische Betrachtung des Zufalls, die auf das wirkliche Zustandekommen der als zufällig erscheinenden Ereignisse eingeht, ihre Bedeutung und ihre Berechtigung zu erweisen. Es erhebt sich nur die Frage: Wie können wir denn über solche Ursachen urteilen, die sich unserer Beobachtung völlig entziehen? Nach Wundts Darstellung handelt es sich dabei um eine Hypothese. Nehmen wir das Vorhandensein solcher Ursachen an, so können wir nach den Grundsätzen der Logik und der allgemeinen Erfahrung die wirklich beobachteten Verhältnisse erschließen. Dies geht allerdings nicht ohne eine ziemlich umständliche mathematische Entwickelung, und Wundts Darstellung scheint nur eine Zusammenfassung der Grundgedanken dieser von Bessel herrührenden Ableitung, die uns später noch beschäftigen wird, zu bedeuten.

Die Besselsche Ableitung bezieht sich aber auf ganz besondere Erscheinungen, nämlich die Abweichungen der bei der Bestimmung einer physikalischen Größe gefundenen Zahlenwerte voneinander. Der Begriff des Ereignisses scheint hier überhaupt nicht zu passen, es handelt sich sozusagen nur um eine Begleiterscheinung der wirklichen Ereignisse, nämlich der Beobachtungen. Daher rührt es wohl auch, wenn Wundt äußert, der Zufall könne niemals als selbständiges Phänomen, sondern immer nur als individuelle Abänderung einer gesetzmäßig bestimmten Erscheinung vorkommen. Diese Bedeutung würde den Geltungsbereich des Zufälligen nun erheblich einschränken, denn es wäre ein solches Zufallsereignis wie die Tötung eines Vorübergehenden durch einen herabfallenden Ziegel oder die Tötung eines Soldaten durch den Hufschlag eines Pferdes schwer in dieses Schema zu bringen.

Indes ist die Besselsche Hypothese nicht auf die Erklärung der Beobachtungsfehler bei physikalischen Messungen beschränkt, sie läßt sich dem Grundgedanken nach in viel weiterem Umfange anwenden. Die Hypothese ist im wesentlichen die, daß ein typisch zufälliges Ereignis auf sehr vielen Einzelumständen beruhe, die selbst von vornherein unbestimmt sind, daß das schließliche Endergebnis nur die Frucht einer großen Anzahl vorausgehender Erscheinungen sei, die alle voneinander unabhängig sind. Die Natur des Zufallsereignisses wird dadurch aber immer noch viel enger umgrenzt als früher, wo nur zwei voneinander unabhängige Kausalreihen bestehen mußten, während jetzt sehr viele voneinander unabhängige Umstände in dem Ereignis zusammenwirken sollen.

Wir würden daher so den Bereich des Zufälligen von vornherein enger bestimmen, als es gerechtfertigt erscheint. Wie gelangen wir nun aber zu einer anderen, allgemeineren Methode, in die Natur der zufälligen Ereignisse einzudringen? Zu dem Zwecke müssen wir, wenn wir sagen, ein Zufallsereignis sei durch die feststellbaren Ursachen nicht völlig bestimmt, uns fragen, was überhaupt innerhalb der Grenzen der Erfahrung bedeutet, wenn wir von Umständen sprechen, die in dem Verhältnis von Ursache und Wirkung einen Erfolg bestimmen. Damit kann nur gemeint sein, daß, wo wir diese Umstände zusammen beobachten, stets auch der Erfolg zu beobachten ist. Nur an die tatsächliche Verbindung in allen beobachteten Fällen ist gedacht. Wenn also, wie beim Zufallsereignis, durch die feststellbaren Ursachen das Ereignis nicht völlig bestimmt ist, so bedeutet das, daß in den Fällen, wo diese Ursachen zusammen beobachtet sind, das Ereignis bisweilen eingetreten, bisweilen aber auch ausgeblieben ist.

Wir können, um noch klarer zu sein, diese Feststellung in

zwei zerlegen. Die eine bedeutet, daß unter den in Betracht kommenden Umständen, welche die Gesamtheit der beobachtbaren Ursachen des Zufallsereignisses darstellen, dieses Ereignis wirklich wenigstens einmal eingetreten ist. Die zweite Feststellung bedeutet, daß das Ereignis unter den in Betracht kommenden Umständen auch wenigstens einmal ausgeblieben ist. Quidquid existit contingenter, aliquando non existit, ist ein alter Schulsatz. Das Feststellen einer solchen einfachen Tatsache würde allerdings an sich noch keine Statistik sein, die Statistik erscheint erst da, wo man zählt, wie oft ein Ereignis eingetreten ist. Man wird nun sagen, die Häufigkeit ist für die Tatsache der Möglichkeit, um die es sich hier allein handelt, gänzlich bedeutungslos. Was einmal geschehen, ist schon möglich. Wie oft es wieder geschieht, ist gleichgültig, außer wenn es in allen in Betracht kommenden Fällen zu beobachten ist. Dann würde sich die Möglichkeit in die Gewißheit verwandeln.

Aber der Gedanke, daß in allen Fällen es gerade von Wert ist, zu erfahren, wie oft verhältnismäßig unter den gegebenen Umständen ein bestimmtes Ereignis eingetreten ist, bietet sich von selbst dar. Sigwart formuliert diesen Gedanken in seiner Logik (Bd. II, Tl. III, S. 406) mit den Worten: „In der statistischen Zählung sind zwar die etwaigen individuellen Differenzen, durch die jedes Ding einzig in seinen bestimmten Eigenschaften sich von allen anderen unterscheidet, untergegangen, aber das Einzelne hat doch noch insofern sein Recht gefunden, als es nicht bloß als gleichgültiger Repräsentant eines allgemeinen Begriffes, sondern in seiner numerischen Unterschiedenheit von allen anderen beachtet ist.“ Der hierdurch gemachte Fortschritt ist durchaus dem zu vergleichen, den in der Naturwissenschaft der Übergang von der bloßen Feststellung eines Zustandes zu seiner zahlmäßigen Bestimmung bedeutet. Wenn ein Ereignis in 90 von 100 Fällen eingetreten ist, so werten wir die Möglichkeit anders, als wenn wir es unter 100 Fällen nur einmal beobachtet haben.

Die Statistik, zu der wir so gelangen, betrifft statistische Verhältniszahlen, d. h. es wird aufgezeichnet, wie oft unter bestimmten Umständen, also in einer bestimmten Gruppe von Erscheinungen, ein Ereignis eingetreten ist, wobei es sich zunächst nur um die relative Häufigkeit, nicht aber um die absolute Anzahl des Vorkommens handelt. Nun erhebt sich aber sofort die Frage, die den Kernpunkt alles folgenden bildet: Nehmen wir an, wir haben die relative Häufigkeit nicht bloß aus einer Serie von Beobachtungen festgestellt, sondern wir haben mehrere Reihen von Beobachtungen benutzt und aus jeder die relative Häufigkeit bestimmt. Dann fragt es sich, ob wir ganz verschiedene Werte der relativen Häufigkeit bei den einzelnen Bestimmungen zu erwarten haben oder ob sich zwar nicht genau, aber doch angenähert derselbe Wert bei den verschiedenen Bestimmungen ergeben wird. In dem einen Falle erweisen sich die festgestellten Werte der relativen Häufigkeit als gänzlich unbrauchbar zur Charakterisierung des beobachteten Ereignisses im allgemeinen, in dem anderen Falle dagegen können wir dem regelmäßig wiederkehrenden Werte der relativen Häufigkeit eine bestimmte Bedeutung für das Ereignis an sich zusprechen. Wir können es als eine Eigentümlichkeit des Ereignisses ansehen, daß es mit dieser relativen Häufigkeit auftritt, während sonst die relative Häufigkeit nur eine Bedeutung innerhalb der räumlichen und zeitlichen Begrenzung, der die beobachteten Fälle entsprechen, besitzt. Wenn wir also etwa in regelmäßigen Zeitabschnitten die vorgekommenen relativen Häufigkeiten notieren, so fragt es sich:

nähern sich die aufgezeichneten Verhältniszahlen alle einem bestimmten Werte oder läßt sich in ihnen eine systematische Veränderung beobachten? Es ist z. B. bekannt, daß die relative Häufigkeit der Selbstmorde zunimmt, dagegen scheint es zweifelhaft, ob eine ähnliche systematische Veränderung in dem Verhältnis der Anzahlen von männlichen und weiblichen Selbstmördern zu beobachten ist.

Hierin liegt eine erste Scheidung der statistischen Verhältniszahlen begründet. Je nachdem, ob wir in ihnen eine systematische Veränderung beobachten oder nicht, werden wir von zufälligen oder durch bestimmte Ursachen hervorgerufenen Schwankungen sprechen. Der Zufall würde so in der Statistik unmittelbar zutage treten.

Der große Vorzug, der in einer solchen statistischen Bestimmung des Zufalls liegt, besteht darin, daß wir nicht mehr gezwungen sind, auf die Einzelheiten beim Zustandekommen des Ereignisses einzugehen, die in den meisten Fällen unserer Erkenntnis verschlossen sind und nur aus mehr oder minder unbestimmten Vermutungen heraus beurteilt werden, sondern vielmehr uns an bestimmte Tatsachen halten können.

Nun ist aber klar, daß solche Schwankungen, die wir als zufällige bezeichnen, nicht bloß bei statistischen Verhältniszahlen auftreten können, sondern überhaupt, wo eine statistische Aufzeichnung vorliegt. Wenn wir nämlich eine solche Reihe von statistischen Zahlen uns vor Augen halten oder am besten sie in einer Kurve oder Staffel graphisch darstellen, so beobachten wir bald, daß neben systematischen Veränderungen auch ein regelloses Hin- und Herschwanken auftritt. Ein solches Schwanken werden wir wieder als zufällig bezeichnen. Allerdings ist es eine besondere, vielleicht nicht immer lösbare Aufgabe, die zufälligen Schwankungen richtig herauszuschälen. Unter der Voraussetzung, daß dies gelingt, zeigt sich nun aber, daß das unbestimmte und meistens auf bloßen Vermutungen beruhende Trennen der Ursachen in systematische und zufällige ersetzt wird durch ein quantitativ auf Grund gemessener oder gezählter Zahlenwerte ausführbares Scheiden der systematischen und der zufälligen Veränderungen. Wir können also der Methode der exakten Naturwissenschaft treu bleiben, nur auf Grund bestimmter Messungen und bestimmter, nach festen Regeln an diese Messungen geknüpfter Berechnungen vorzugehen.

So werden wir darauf geführt, die Analyse statistischer Tabellen nach bestimmten besonderen Gesichtspunkten als unsere Aufgabe anzusehen. Hierbei erweist sich nicht einmal der Ursprung der Tabelle aus einer statistischen Zählung als entscheidend, vielmehr würden auch Tabellen, die auf Messungen einer und derselben physikalischen Größe beruhen, möge diese Größe nun veränderlich sein oder nicht, einer ganz analogen Analyse zugänglich sein.

Bevor wir an diese Untersuchung gehen, scheint die Frage gerechtfertigt, welche Resultate wir von ihr erwarten dürfen. Dadurch, daß wir, statt auf das innerliche Zustandekommen der Zufallsereignisse einzugehen, nur ihre äußerliche Verteilung ins Auge fassen, geben wir, scheint es, die Hoffnung auf ein Eindringen in das innere Wesen des Zufälligen auf. Über dieses Wesen können wir ja keine Auskunft erhalten, wenn wir nichts anderes aufzeichnen, als wie oft innerhalb einer gewissen Gruppe einzelner Fälle das in Rede stehende Ereignis eingetreten und ausgeblieben ist.

Der Ausweg ist eben der, daß wir in der Verteilung, die uns die statistische Erhebung offenbart, doch in gewissem Sinne ein

Merkmal der Zufallsereignisse erkennen können. Es ergeben sich gewisse Verteilungen, die typisch für die zufälligen Ereignisse sind. Darin liegt, daß wir aus der übereinstimmenden Verteilung auch auf eine innere Verwandtschaft der beobachteten Ereignisse schließen. Ist dieser Schluß aber berechtigt? Das bleibt unentschieden und muß unentschieden bleiben, weil wir in den Mechanismus des Geschehens nicht eindringen können. Aber auch in der bloßen Analogiebildung liegt eine gewisse Erklärung. Wir machen uns eine Erscheinung schon begreiflich, wenn wir eine andere Erscheinung finden, die sich in derselben Weise äußerlich offenbart wie die erste. Alles Erklären ist im Grunde ein Vergleichen. Der Vergleich kann im vorliegenden Falle einerseits so geführt werden, daß wir nur die Erscheinungen zusammenfassen, die eine gleiche oder verwandte Verteilung zeigen; andererseits können wir aber auch gewisse typische Erscheinungen herausgreifen, deren innerer Organismus uns leidlich klar erscheint und nach ihnen die Erscheinungen mit verwandter Verteilung beurteilen. Solche typische Erscheinungen sind die Glücksspiele. Wir würden danach als zufällige Ereignisse solche zu bezeichnen haben, bei deren statistischer Verfolgung sich dieselbe Verteilung der Ergebnisse wie bei den reinen Zufallsspielen herausstellt. Für die Glücksspiele kann man aber als zweckmäßig ein bestimmtes Schema wählen, und dieses wird fast immer durch die Ziehungen aus einer Urne, in der Kugeln von verschiedener Farbe gemischt enthalten sind, gebildet. Die Beurteilung der Zufallsereignisse nach diesem Urnenschema würde so das letzte Stadium der Untersuchung sein. Welchen Wert man ihr beimessen will, bleibt in gewisser Weise dem freien Belieben überlassen. Jedenfalls scheint es kein anderes Verfahren zu geben, um in einwandfreier Weise dem Charakter des Zufälligen nachzuspüren. Die

Betrachtungen, zu denen dieser Gedankengang führt, hat man für solid genug zu halten, um darauf die Erforschung sowohl der Vorgänge in den kleinsten Teilen der Materie als auch der Verteilung der Himmelskörper im Weltenraum zu gründen.

Eines aber wird geltend gemacht werden und verdient sogleich hervorgehoben zu werden. Indem man zur statistischen Zählung übergeht, verschwindet das einzelne Ereignis und die Betrachtung bezieht sich nur auf die statistische Gesamtheit. Die gewählte Behandlungsweise setzt so voraus, daß es nicht das einzelne Ereignis ist, worauf wir unser Interesse lenken, daß wir vielmehr erst in der Gesamtheit der zusammengefaßten Ereignisse den Gegenstand unserer Überlegung sehen. So ist in dem angeführten physikalischen Beispiel nicht die Bewegung des einzelnen Moleküls der Zielpunkt der Untersuchung, sondern wie sich aus einer bestimmten Verteilung der Bewegungen aller einzelnen Moleküle die beobachtbaren Eigenschaften und Zustände des ganzen Körpers ergeben. In dem anderen Beispiele, das der Astronomie angehört, handelt es sich nicht um die Lage des einzelnen Fixsterns, sondern um die Verteilung aller Fixsterne im Weltenraum. Ebenso ist bei den Untersuchungen über die Erscheinungen in der menschlichen Gesellschaft, die auf zahlenmäßiger Grundlage möglich sind, nicht das einzelne Individuum der Gegenstand der Betrachtung, sondern eben die Gesamtmasse der Bevölkerung. Das Wohl und Wehe des einzelnen verschwindet und nur das Los der Allgemeinheit ist es, was in der Untersuchung zutage tritt. Man kann es vermissen, daß so die Aufklärung des einzelnen Zufallsereignisses an sich, die nur durch ein Eingehen auf seine individuelle Besonderheit möglich ist, durch die statistische Methode nicht gegeben wird. Man wird aber erkennen, daß doch das wahre, kardinale Problem berührt wird. Denn dieses Problem ist das, wie sich auf der Unbestimmbarkeit und anscheinenden Regellosigkeit des einzelnen Falles eine Gesetzmäßigkeit aufbaut und feste in Zahlen ausdrückbare Zusammenhänge in der Gesamtheit ergeben. Gerade dies ist es ja auch, was selbst nach aller möglichen Aufklärung unser tiefes Erstaunen hervorruft.

Drittes Kapitel.

Stationäre Zahlenreihen.

Wir wollen nun allgemein ausgehen von der Zusammenstellung einer Reihe von Zahlenwerten, die man als eine Tabelle bezeichnet. An einer Tabelle ist zu unterscheiden der Kopf, der Eingang und der Eintrag. In dem Kopf der Tabelle wird angegeben, was die in der Tabelle eingetragenen Zahlen allgemein bedeuten. Der Eingang dagegen setzt die Bedeutung der einzelnen Zahlen in der Tabelle fest. Damit also eine Reihe von Zahlen sich in einer Tabelle anordnen läßt, ist es notwendig, daß sie eine gemeinsame Bedeutung haben und die einzelne Zahl der Reihe nur noch durch eine besondere Bestimmung festgelegt wird. Diese besondere im Eingang der Tabelle stehende Bestimmung kann verschiedener Art sein. Sie kann die in der Tabelle eingetragenen Zahlen örtlich umgrenzen, wie wenn z. B. in einer Statistik über Preußen bestimmte Zahlen für die einzelnen Provinzen angegeben werden. Sie kann auch z. B., wenn es sich um zahlmäßige Bestimmungen von Eigentümlichkeiten einzelner Individuen handelt, die Namen dieser Individuen enthalten, oder diese Namen durch laufende Nummern ergänzen oder ersetzen. Eine solche Tabelle kann man allgemein als eine Liste bezeichnen. Der Eingang kann aber auch selbst eine zahlmäßige Bestimmung bedeuten. Sehr häufig bezeichnet er eine Zeit, entweder Zeitabschnitte, z. B. Jahre, Monate oder Tage, oder bestimmte Zeitpunkte.

Der Eingang der Tabelle kann ferner eine reine Zahl sein. Dann haben wir eine rein mathematische Tabelle vor uns, die bestimmten Zahlenwerten wieder bestimmte Zahlenwerte zuordnet. Sie legt das fest, was man im mathematischen Sinne als eine Funktion bezeichnet. In ihr können unter anderem die Resultate bestimmter Rechenoperationen zusammengestellt sein. Dahin gehören z. B. die Logarithmentafeln. Wir wollen solche Tabellen als analytische bezeichnen. Den analytischen Tabellen stehen die empirischen gegenüber, die nicht bloß auf mathematischen Rechnungen beruhen, sondern in denen ein bestimmtes Erfahrungsmaterial niedergelegt ist, unter Umständen im Verein mit Rechnungen, die an die empirisch ermittelten Zahlenwerte angeknüpft werden. Wir haben bei diesen empirischen Tabellen wieder zu unterscheiden, ob ihnen bestimmte Messungen oder bloße Zählungen zugrunde liegen. Im ersten Falle können wir von einer Messungsreihe sprechen, im zweiten Falle haben wir eine Zählungsreihe oder eine eigentliche statistische Tabelle vor uns. Um gleich ein Beispiel für beide Arten anzuführen, können wir als Messungsreihe die Bestimmung der Körpergröße eines Menschen in den verschiedenen Lebensaltern nehmen, als Beispiel für eine Zählungsreihe eine sogenannte Sterbetafel, die angibt, wieviel Menschen aus einer bestimmten Gruppe von Geborenen in den verschiedenen Lebensaltern sterben. Der Eingang der Tabelle ist in beiden Fällen dieselbe Zahl, nämlich das Lebensalter. Der Eintrag ist in dem einen Falle eine Länge, also eine gemessene Zahl, im anderen Falle eine durch Abzählung gewonnene Zahl, nämlich eine Anzahl von Personen.

Die Körpergrößen beziehen sich auf Personen männlichen Geschlechtes. Sie entsprechen nicht der Entwickelung eines bestimmten Menschen, sondern sind Durchschnittszahlen, geben also die Entwickelung eines „Durchschnittsmenschen“ an.

Der Gesamtgröße ist die Beinlänge hinzugefügt und in einer dritten Spalte gleich das Verhältnis der Gesamtgröße zur Beinlänge angegeben. Man erkennt, daß dieses Verhältnis während des Wachstums des Menschen abnimmt und sich einem bestimmten Endwert nähert, den es aber schon vor der Vollendung des Wachstums erreicht.

Körpergröße männlicher Personen[1]).

Alter Jahre	Gesamtgröße m	Beinlänge m	$\frac{\text{Gesamtgröße}}{\text{Beinlänge}}$
0	0,500	0,160	3,13
1	0,698	0,241	2,90
2	0,791	0,288	2,75
3	0,864	0,328	2,64
4	0,927	0,367	2,53
5	0,987	0,404	2,44
6	1,046	0,441	2,37
7	1,104	0,478	2,31
8	1,162	0,514	2,26
9	1,218	0,550	2,21
10	1,273	0,584	2,18
11	1,325	0,616	2,15
12	1,375	0,646	2,13
13	1,423	0,674	2,11
14	1,469	0,701	2,10
15	1,513	0,723	2,09
16	1,554	0,745	2,09
17	1,594	0,766	2,09
18	1,630	0,782	2,09
19	1,655	0,794	2,09

Alter Jahre	Gesamtgröße m	Beinlänge m	$\frac{\text{Gesamtgröße}}{\text{Beinlänge}}$
20	1,669	0,802	2,09
25	1,682	0,806	2,09
30	1,686	0,806	2,09
40	1,686	0,805	2,09

Fig. 1.

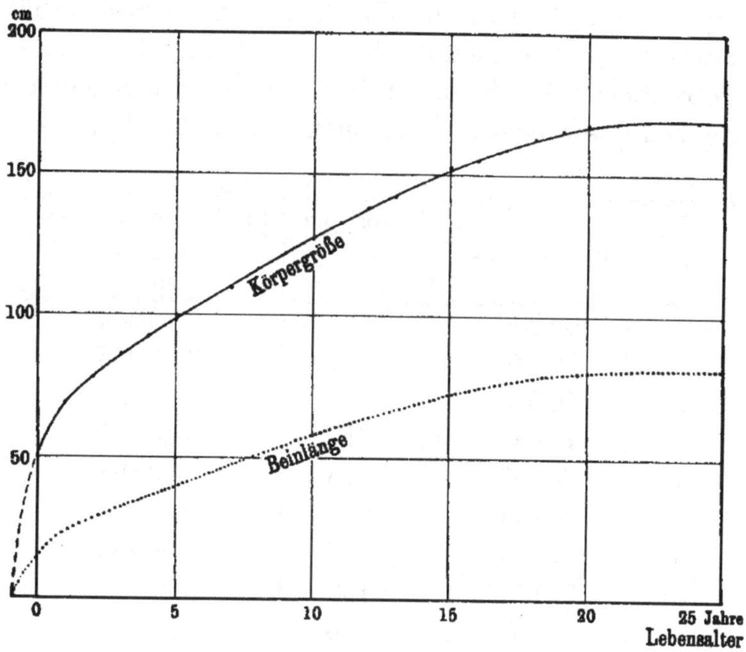

[1]) Vgl. Quételet, Anthropométrie, Bruxelles 1871.

Wir fügen dieser Tabelle sofort die graphische Darstellung hinzu, die den Entwickelungsgang noch anschaulicher macht.

Die Sterbetafel, die wir als Beispiel für eine Zählungsreihe anführen, gibt nicht etwa an, wie eine bestimmte Gruppe von gleichzeitig Geborenen mit den Jahren sich gelichtet hat, sondern sie enthält die Absterbeordnung, wie sie sich aus den Sterbefällen einer bestimmten Epoche, wenn man diese nach dem Alter der Gestorbenen gruppiert, ergibt. Das folgende ist in abgekürzter Form die deutsche Sterbetafel für das Jahrzehnt 1901 bis 1910 [1]). Die Anzahl der Geborenen ist gleich 100 000 gesetzt, neben den Überlebenden stehen die während des folgenden Jahres Gestorbenen, und daneben ist noch das Verhältnis der voranstehenden Zahlen der beiden ersten Spalten, die sogenannte Sterbenswahrscheinlichkeit für ein Jahr angegeben. Wir beschränken uns wieder auf Personen männlichen Geschlechts.

Alter Jahre	Überlebende	Gestorbene während eines Jahres	Sterbenswahrscheinlichkeit für ein Jahr
0	100 000	20 234	0,20 234
1	79 766	3 181	0,03 963
2	76 585	1 143	0,01 492
3	75 442	715	0,00 947
4	74 727	516	0,00 691
5	74 211	391	0,00 528
10	72 827	177	0,00 244
15	72 007	199	0,00 277
20	70 647	356	0,00 504

[1]) Siehe Statistisches Jahrbuch für das Deutsche Reich 1913.

Alter Jahre	Überlebende	Gestorbene während eines Jahres	Sterbenswahrscheinlichkeit für ein Jahr
25	68 881	353	0,00 513
30	67 092	373	0,00 556
35	65 104	454	0,00 697
40	62 598	577	0,00 922
45	59 405	739	0,01 244
50	55 340	937	0,01 693
55	50 186	1 183	0,02 357
60	43 807	1 428	0,03 260
65	36 079	1 698	0,04 706
70	27 136	1 882	0,06 936
75	17 586	1 871	0,10 640
80	8 987	1 419	0,15 787
85	3 212	744	0,23 160
90	683	219	0,32 002
95	74	30	0,41 399
100	4	2	0,49 668

Man sieht, wie die Zahlenreihen in den verschiedenen Spalten sich verhalten. Die Zahlen in der ersten Spalte nehmen natürlicherweise beständig ab. Die Zahlen in der zweiten Spalte nehmen zuerst ab, bis sie für das Alter von 12 Jahren ein Minimum erreichen, dann nehmen sie zu, wenig ab, wieder zu und erreichen für ein Alter von ungefähr 73 Jahren, das Normalalter, ein Maximum, um dann bis zum Schluß abzunehmen (vgl. Fig. 2). Die Zahlen der dritten Spalte nehmen zuerst ebenfalls ab und erreichen ein Minimum mit den Zahlen der zweiten

Fig. 2. Anzahlen der in
den verschiedenen Lebensaltern Gestorbenen auf 100 000 Geborene.

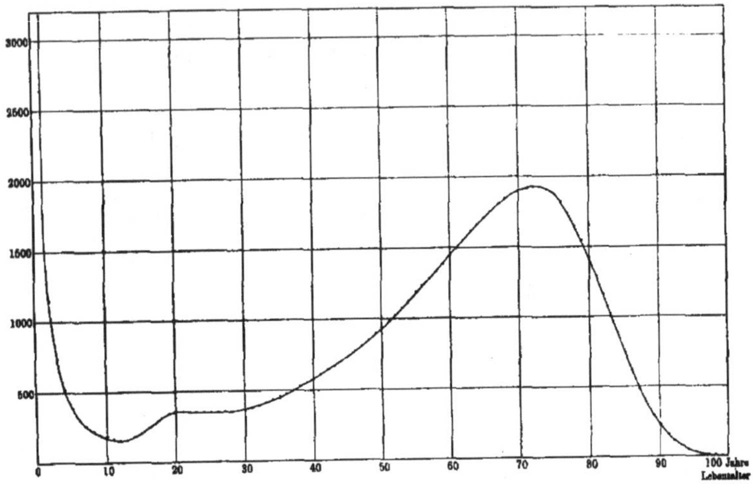

Spalte, dann aber nehmen sie beständig und zwar zum Schluß sehr stark zu.

Je nach der Art des Einganges lassen sich die Tabellen in zwei Arten scheiden. Bedeutet nämlich der Eingang eine Zahl oder eine Zeit, so ergibt sich hiernach eine natürliche Ordnung, nach der die Zahlen in der Tabelle entsprechend dem Eingang zu nehmen sind. Dagegen kann es auch vorkommen, wie es bei einer Liste oder bei einem Register häufig der Fall ist, daß die Reihenfolge, in der man die Bezeichnungen des Einganges und damit die Zahlen der Tabelle nimmt, völlig willkürlich bleibt. Wir werden also immer unterscheiden können, ob eine Tabelle sich ohne Verletzung einer natürlichen Ordnung umordnen läßt oder nicht. Diese Unterscheidung fällt allerdings nicht ganz damit zusammen, ob der Eingang nach einem natürlichen Prinzip geordnet ist oder nicht. Dies zeigt ein Beispiel sofort. Im Falle eines Geburtenregisters ist eine natürliche Ordnung nach dem Zeitpunkt der Geburt vorhanden, aber wenn es sich um irgend eine zahlmäßige Bestimmung handelt, die an die Geborenen angeknüpft wird, z. B. die Lebensdauer, so kann man doch eine Umordnung, etwa nach der Lebensdauer, vornehmen. Also ist die Verletzung einer natürlichen Ordnung nicht notwendig dann vorhanden, wenn der Eingang nach bestimmten Gesichtspunkten geordnet ist. Dagegen wäre eine Umordnung z. B. bei einer Logarithmentafel undenkbar. Dies liegt daran, daß zwischen dem Eingang und dem Eintrag ein bestimmter gesetzmäßiger Zusammenhang besteht: der Eintrag ist eine Funktion des Einganges, und die Tabelle hat den Zweck, diese Funktion darzustellen. Beim Geburtenregister ist aber nicht unmittelbar die Lebensdauer als eine Funktion des Geburtsdatums anzusehen, die Tabelle stellt also nicht eine bestimmte Funktion, sei es eine analytische oder eine empirische, dar, und in diesem Fall ist die Umordnung gestattet.

Wenn nun die Tabelle umgeordnet wird, so gelangt man durch diese Umordnung immer dazu, einen funktionalen Zusammenhang zu finden. Man geht zu dem Zweck von einer gewissen natürlichen Umordnung der Tabelle aus. Diese natürliche Umordnung ist die, bei der die Zahlenwerte der Tabelle ihrer Größe nach aufeinander folgen. Man kann dann das ganze Intervall, das die Zahlen erfüllen, in eine Anzahl gleiche Teile teilen und angeben, wieviel Zahlen der Tabelle in jeden dieser Teile fallen. Man unterwirft also sozusagen die Zahlenwerte der Urreihe selbst einer Statistik, und das Resultat dieser Statistik hat immer den Charakter einer funktionalen Abhängigkeit. Zu jeder

Größe der vorkommenden Zahlenwerte gehört ja eine bestimmte Häufigkeit des Vorkommens. Die so abgeleitete Zahlenreihe soll eine Verteilungsreihe heißen. Wir können auch von einer Verteilungsfunktion sprechen, doch denkt man bei dem Wort Funktion gewöhnlich an die gegenseitige Abhängigkeit zweier kontinuierlich veränderlichen Zahlen, die ja nicht aus der Tabelle selbst unmittelbar hervorgehen, sondern von der diese nur den angenäherten Ausdruck bilden kann.

Es ist nun nicht eine allgemeine Erörterung der durch Tabellen gegebenen Zahlenfolgen unsere Aufgabe, vielmehr handelt es sich für uns darum, die Schwankungen herauszufinden, die wir bei den in der Tabelle eingetragenen Zahlenwerten als zufällige bezeichnen sollen.

Zu dem Zweck greifen wir eine besondere Art von Zahlenreihen heraus, nämlich solche Reihen, bei denen wir keine systematische Zu- oder Abnahme der eingetragenen Zahlenwerte beobachten können, deren Werte vielmehr fortwährend zwischen bestimmten Grenzen eingeschlossen bleiben. Solche Reihen von Zahlen wollen wir als stationäre Zahlenreihen bezeichnen. Die nächste Aufgabe wäre also die, genau anzugeben, wann eine Reihe als stationär zu gelten hat. Hierfür läßt sich aber nicht eine scharfe, allgemein gültige Definition geben, vielmehr kann man nur Regeln anführen, die einen gewissen Anhalt für die Beurteilung stationärer Reihen gewähren. Solche Regeln finden wir, indem wir die Differenzen der in die Tabelle eingetragenen Zahlenwerte bilden. Wir können dabei auf doppelte Weise vorgehen. Entweder bilden wir die Differenzen von je zwei aufeinander folgenden Tabellenwerten, oder wir bilden die Differenz eines Tabellenwertes von allen anderen. Im ersten Falle erkennen wir, daß eine Reihe stationär ist, daran, daß die Vorzeichen der Differenzen regellos schwanken. Dies allein würde aber nicht ausreichen, denn wir können uns eine Reihe denken, bei der positive und negative Differenzen abwechseln und bei der doch ein beständiges Anwachsen der eingetragenen Werte stattfindet, indem die positiven Differenzen der Größe nach die negativen andauernd überwiegen. Deshalb muß eine auf dem zweiten Fall der Differenzenbildung aufgebaute Regel ergänzend hinzutreten. Diese zweite Regel sagt aus, daß die Differenzen eines festen Wertes von allen anderen, der Reihe nach genommenen Werten keine systematische Zu- oder Abnahme erfahren dürfen, daß sie vielmehr selbst den Typus der regellosen Schwankungen zeigen müssen. Allerdings muß es möglich sein, daß diese Differenzen alle dasselbe Vorzeichen haben. Dies tritt ein, wenn wir für den festen Wert den größten oder kleinsten Wert der Reihe nehmen. Wollen wir positive und negative Differenzen haben, so müssen wir einen Mittelwert zwischen diesen beiden Extremwerten nehmen, im besonderen den Wert der Reihe, unter dem höchstens ein Wert der Reihe mehr oder weniger liegt als über ihm. Dann müssen die Vorzeichen der Differenzen regellos wechseln, es dürfen nicht z. B. die positiven sich in einer Gegend häufen, insbesondere indem sie nach einer bestimmten Seite hin zunehmen. Diese einfachen Regeln reichen zu einer vorläufigen Beurteilung, ob eine vorliegende Reihe als stationär zu gelten hat, aus. Es wird aber gut sein, wenn wir zunächst ein paar Beispiele für stationäre Reihen anführen.

Ein erstes wichtiges Beispiel solcher Reihen wird gegeben durch eine Reihe von Messungen derselben physikalischen Größe. Wenn die Messungen leidlich genau sind, weichen die erhaltenen Werte verhältnismäßig wenig voneinander ab, um so weniger, je genauer die Messungen waren. Bei physikalischen Größen glauben wir an einen wahren Wert, dem die durch Messung gefundenen Werte mehr oder weniger nahe kommen. Die Abweichung von diesem wahren Wert bezeichnen wir dann als den Fehler der Messung. Die Betrachtungsweise, der wir hier folgen, geht jedoch auf die Bedeutung der Existenz des wahren Wertes, die immer jenseits des Bereiches der eigentlichen Messungen liegt, nicht weiter ein, vielmehr ist das einzig Gegebene für uns die Messungsreihe selbst. Der als Resultat der einzelnen Messungen niedergelegte Zahlenwert ist der zusammenfassende Ausdruck eines bestimmten Vorganges, den wir eben als Messung bezeichnen und bei dem gewöhnlich drei Momente: der der Messung zugrunde liegende physikalische Tatbestand, die messende Person und das Meßinstrument, zusammenwirken. Den physikalischen Tatbestand setzen wir als unabhängig von der messenden oder beobachtenden Person voraus. Nur unter dieser Voraussetzung ist es möglich, von einem bestimmten, unabhängig von der Messung bestehenden Zahlenwert, dem wahren Wert, zu sprechen und die Abweichung von diesem wahren Wert, den begangenen Fehler, teils der Person des Messenden, teils dem Meßinstrument zuzuschreiben. So tritt auch in die sogenannte Fehlertheorie der Glaube an die von der Wahrnehmung unabhängige Wirklichkeit einer uns umgebenden Welt entscheidend hinein, und da dieser Glaube, weil er aus den Sinneswahrnehmungen selbst nicht abgeleitet werden kann, notwendigerweise metaphysischen Charakter hat, steht auch die so aufgefaßte Fehlertheorie auf metaphysischem Boden, sie ist nur transzendent zu begründen, unsere Betrachtungen dagegen sind wesentlich immanenter Natur, sie bleiben ganz innerhalb der Grenzen der Wahrnehmung, das einzig Gegebene sind für uns die Beobachtungsresultate selbst, und es handelt sich nur um eine bestimmte Analysierung dieser Resultate.

Hierdurch ist bedingt, daß wir die als Resultate verschiedener Messungen derselben physikalischen Größe sich ergebenden Zahlen nicht anders werten wie irgend eine andere stationäre Zahlenreihe, bei der es ganz sicher ist, daß die einzelnen Zahlenwerte sich nicht auf eine und dieselbe physikalische Größe beziehen. Als ein erstes Beispiel für eine solche Zahlenreihe wollen wir die mit Roggen bebaute Bodenfläche in Mecklenburg-Schwerin während der einzelnen Jahre nehmen:

Jahr	Erntefläche qkm	Jahr	Erntefläche qkm	Jahr	Erntefläche qkm
1880	1646	1889	1673	1898	1582
1881	1647	1890	1673	1899	1568
1882	1646	1891	1673	1900	1620
1883	1673	1892	1625	1901	1661
1884	1673	1893	1703	1902	1728
1885	1673	1894	1701	1903	1612
1886	1673	1895	1539	1904	1652
1887	1673	1896	1618	1905	1678
1888	1673	1897	1616	1906	1675

Die Tabelle zeigt deutlich, daß wir es hier mit einer stationären Zahlenreihe zu tun haben, denn die aufgezeichneten Zahlenwerte bleiben zwischen den Grenzen 1539 und 1728, und es ist kein merkliches Fortschreiten in der Reihe zu beobachten, vielmehr gehören der größte und der kleinste Wert zwei mitten in der Reihe, und zwar ziemlich dicht beieinander liegenden Jahren (1893 und 1902) an. Es sind aber an diese Zahlenfolge noch einige kritische Bemerkungen zu knüpfen. Die absolute Unveränderlichkeit während der Jahre 1883 bis 1891 macht ganz den

Eindruck, als ob sie nicht auf wirklicher Beobachtung beruhte, sondern dadurch entstanden wäre, daß einfach die Zahlen des vorigen Jahres wieder hingesetzt wurden. Bei der Frage nach der Entstehungsweise der Tabelle tritt hier also als wahrscheinlich ein Grund auf, der von ganz anderer Art ist als die Ursache, die eine wirkliche Veränderung oder Unveränderlichkeit in den durch die Tabelle gegebenen realen Größen bedeutet. Er bedeutet einen objektiven Fehler bei der Aufstellung der Tabelle. Derartige Fehler sind bei statistischen Erhebungen notwendigerweise mit in Rechnung zu ziehen, sie bilden den größten Übelstand der Statistik, weil die Versuchung sehr groß ist, mühevollen Erhebungen durch das Erdichten einer Zahl zu entgehen.

Zu den Zahlenreihen, die auf Grund bestimmter Messungen oder Zählungen entstehen und an sich stationär sind, können Zahlenreihen treten, die aus unmittelbar beobachteten Zahlenwerten erst durch bestimmte Rechenoperationen abgeleitet sind. Insbesondere fragt es sich, ob sich nicht unter Umständen eine stationäre Reihe durch Verbindung mehrerer Beobachtungsreihen ableiten läßt. Wir erläutern dies am besten gleich durch ein der Physik entnommenes Beispiel. Man denke sich eine U-förmig gebogene Röhre, deren unterer, gekrümmter Teil mit Quecksilber gefüllt ist, während der eine, geschlossene Schenkel Luft enthält. Der andere Schenkel der Röhre ist offen. Wenn hierin Quecksilber zugegossen wird, wird die Luft im geschlossenen Schenkel komprimiert. Das Volumen ist aus dem Stande des Quecksilbers sofort zu bestimmen. Wir messen ferner den Unterschied zwischen der Höhe des Quecksilbers in dem offenen und in dem geschlossenen Schenkel und bestimmen daraus den Druck, den die Luft in dem geschlossenen Schenkel auf das Quecksilber ausübt. Die so bestimmten Werte von Volumen und

Druck zeichnen wir in einer Tabelle auf und fügen in einer dritten Spalte sogleich das Produkt zusammengehöriger Werte von Volumen und Druck hinzu. Aus einer Reihe von Beobachtungen ist so die folgende Tabelle abgeleitet:

Volumen ccm	Druck cm Hg	Produkt
20,2	75,8	1531
19,0	81,4	1547
17,2	89,0	1531
15,2	100,0	1520
13,8	110,0	1518
12,4	124,3	1541
11,0	139,1	1530
9,8	156,5	1535

Wir sehen hieraus, daß die Werte von Volumen und Druck keine stationäre Reihe bilden, wohl aber die durch Multiplikation zusammengehöriger Zahlen abgeleiteten Werte in der dritten Spalte. Man sieht nun die durch eine solche Ableitung gefundene stationäre Reihe als den Ausdruck einer in Wirklichkeit unveränderlichen physikalischen Größe an. Man setzt daher für die einzelnen gefundenen Werte eine Konstante C und findet dann im vorliegenden Falle, indem man allgemein das Volumen mit v, den Druck mit p bezeichnet, als die durch die vorstehende Tabelle ausgedrückte Beziehung:

$$p \cdot v = C.$$

Die Ableitung einer stationären Reihe aus bestimmten gemessenen Zahlenwerten bedeutet also hier die Ermittelung eines funktionalen Zusammenhanges zwischen bestimmten physikalischen Größen oder, wenn man will, ein Naturgesetz, in diesem Falle das sogenannte Boylesche oder Mariottesche Gesetz, das die Abhängigkeit von Druck und Volumen bei gleichbleibender Temperatur ausdrückt. Die Ermittelung einer stationären Reihe ist geradezu die Aufgabe bei der Aufdeckung irgend eines physikalischen Zusammenhanges.

Die Ermittelung eines derartigen einfachen Zusammenhanges ist meistens nur bei den elementaren Naturerscheinungen möglich. Es sei gestattet, ein sehr merkwürdiges Beispiel anzuführen, wo sie auch bei sehr viel höher stehenden Prozessen gelingt. Es ist ein Beispiel aus der Biologie, das sich auf ein primitives Lebewesen (Triloculina rotunda), einen mehrkammerigen Kammerling, bezieht. Hieran hat Iterson Messungen vorgenommen, durch die er die Breite der einzelnen Kammern bestimmte, und dabei gefunden (vgl. Rhumbler, Die Foraminiferen, Kiel 1911, S. 176):

Kammer	Kammerbreite	Verhältnis jeder Breite zur vorhergehenden
2	34	—
3	45	1,32
4	61	1,36
5	84	1,38
6	114	1,36
7	142	1,25
8	182	1,28
9	246	1,35
10	319	1,30

Die dritte Spalte bildet wieder eine stationäre Zahlenreihe. Es ergibt sich also auch hier ein einfacher funktionaler Zusammenhang, wenn wir die stationäre Reihe als den Ausdruck einer Konstanten c ansehen. Nennen wir die Breiten der einzelnen Kammern y_i, so finden wir:

$$\frac{y_{i+1}}{y_i} = c,$$

d. h. die Kammerbreiten bilden eine geometrische Progression, das sogenannte Gesetz des organischen Wachstums findet sich hier sehr angenähert verwirklicht.

Die auf die Vorgänge in der menschlichen Gesellschaft bezüglichen Zahlenreihen zeigen meist keine so einfache Regelmäßigkeit wie die in der Naturwissenschaft aus bestimmten Messungen und Zählungen entspringenden Zahlenwerte. So oft man den Versuch gemacht hat, auch sie durch eine Formel darzustellen, so selten ist es wirklich gelungen, und selbst dann ist schwer zu sagen, ob die gefundene Formel wirklich einem inneren Zusammenhange entspricht oder der darzustellenden Reihe rein äußerlich angepaßt ist. Doch ist bisweilen die Regelmäßigkeit in den statistischen Zahlenfolgen weit größer, als man gewöhnlich denkt. Als ein sehr merkwürdiges Beispiel hierfür wollen wir nach Pearson eine Statistik über die Ehescheidungen in den Vereinigten Staaten, in der die Häufigkeit der Scheidungen nach der Dauer der Ehe aufgezeichnet ist, anführen. Man verfährt am einfachsten so, daß man die Zahlen graphisch aufträgt und dann durch Probieren eine möglichst einfache Kurve zu finden sucht, welche dem aufgezeichneten Werte möglichst entspricht. Man findet in dem vorliegenden Falle eine Kurve von sehr einfachem Verlauf, die zuerst jäh aufsteigt, etwa bei dem

Fig. 3.

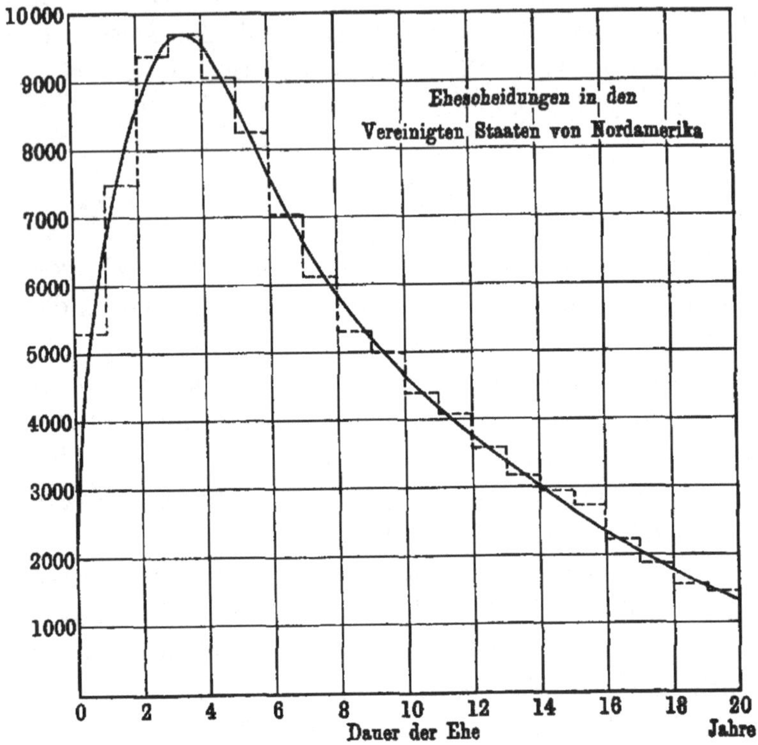

Abszissenwert $3\frac{1}{2}$ Jahre ein Maximum erreicht und dann allmählich abfällt (Fig. 3). Man hüte sich nur, den Ordinaten der Kurve eine unmittelbare Bedeutung zu geben. Sie ist allein eine Illustration des Verlaufes der aufgezeichneten Zahlenreihe.

Von Wichtigkeit ist auch, den Verlauf einzelner Verhältniszahlen näher zu untersuchen, gerade um der Meinung entgegenzutreten, als ob auch alle statistischen Verhältniszahlen statio-

Jahr	Lebendgeborene Prom.	Jahr	Lebendgeborene Prom.	Jahr	Lebendgeborene Prom.
1862	36,0	1871	34,5	1880	37,6
1863	38,3	1872	39,5	1881	37,0
1864	38,5	1873	39,7	1882	37,2
1865	38,2	1874	40,1	1883	36,6
1866	38,3	1875	40,6	1884	37,2
1867	36,9	1876	40,9	1885	37,0
1868	36,9	1877	40,0	1886	37,1
1869	37,9	1878	38,9	1887	36,9
1870	38,4	1879	38,9	1888	36,6
1889	36,4	1897	36,1	1905	33,0
1890	35,7	1898	36,1	1906	33,1
1891	37,0	1899	35,9	1907	32,3
1892	35,7	1900	35,6	1908	32,1
1893	36,8	1901	35,7	1909	31,0
1894	35,9	1902	35,1	1910	29,8
1895	36,1	1903	33,8	1911	28,6
1896	36,3	1904	34,0		

näre Zahlenreihen lieferten und keine systematischen Veränderungen zeigten.

Wir wollen als Beispiel die Anzahlen der Lebendgeborenen in Promille der Einwohnerschaft während der einzelnen Jahre im Gebiete des Deutschen Reiches nehmen.

Die Zahlenreihe zeigt nach den Einsenkungen in den Kriegsjahren ein deutlich erkennbares Maximum im Jahre 1876, d. h. auf dem Gipfel des wirtschaftlichen Aufschwunges nach dem deutsch-französischen Kriege. Dann folgt eine Abnahme, nach der sich von etwa 1881 bis 1901 eine anscheinend stationäre

Fig. 4.

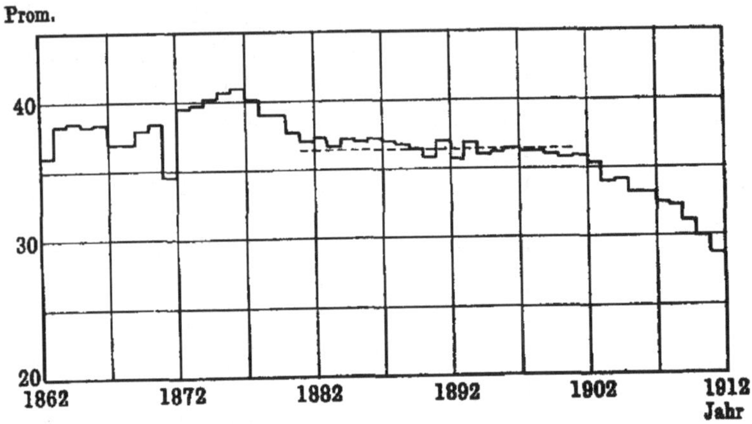

Reihe ergibt, bis etwa von dem Beginn des neuen Jahrhunderts an sich eine entschiedene Abnahme bemerkbar macht, die von der Öffentlichkeit auch empfunden und mit Sorge betrachtet wird.

Viertes Kapitel.

Das „Gesetz der großen Zahlen".

Von besonderer Bedeutung sind die stationären Reihen, bei denen die eingetragenen Zahlwerte statistische Verhältniszahlen sind. Sie bilden sozusagen den Gegenpol der Messungsreihen, die sich aus wiederholten Messungen derselben physikalischen Größe ergeben. Während bei diesen die erste Frage die ist, wie überhaupt eine Abweichung zwischen den gefundenen Zahlwerten zustande kommt, ist bei den statistischen Verhältniszahlen die Frage vielmehr die, wie ihre angenäherte Unveränderlichkeit zu erklären ist, da man ja zunächst für diese Unveränderlichkeit keinen Grund einsieht, weil die Ereignisse, auf die sich die Verhältniszahlen beziehen, gewöhnlich voneinander unabhängig sind und man daher nicht erkennen kann, wie sich aus den Ergebnissen für die Ereignisse während eines bestimmten Zeitabschnittes oder allgemein innerhalb irgend eines Zählungsbereiches nach den Grundsätzen der kausalen Verknüpfung ein Schluß auf die analogen Ergebnisse während eines neuen Zeitabschnittes oder innerhalb eines anderen Zählungsbereiches ziehen lassen soll. Derart würde man dazu geführt werden, die Existenz näherungsweise konstanter statistischer Verhältniszahlen als eine in einzelnen Fällen durch die Erfahrung erwiesene, aber nicht zu begründende Tatsache hinzunehmen. Wenn man für diese Tatsache die gewöhnlich übliche Bezeichnung „Gesetz der großen Zahlen" beibehalten wird, so muß man sich dabei klar sein, daß es sich nicht im eigentlichen Sinne um ein Gesetz, d. h. eine unverbrüchliche Regelmäßigkeit handelt, sondern nur um eine

Tatsache, die bisweilen beobachtet wird. Das „Gesetz“ bedeutet nur ein Prinzip der Auswahl, indem man insbesondere solche Verhältniszahlen herausgreift, die sich als näherungsweise konstant erweisen, ohne sagen zu können, warum sie es sind, und ohne überhaupt sagen zu können, daß allen so herausgegriffenen Ereignissen eine bestimmte innere Gleichartigkeit zuzuschreiben sei.

Es ergeben sich aber auch hierbei von vornherein gewisse Schwierigkeiten, die nicht zu unterschätzen sind. Zunächst ist zu beachten, daß die Unveränderlichkeit nie eine absolute, sondern immer nur eine angenäherte ist. Es ist daher nicht allgemein zu entscheiden, wann überhaupt statistische Verhältniszahlen als konstant angesehen werden sollen, sondern es bleibt immer der Willkür überlassen, festzulegen, innerhalb welcher Grenzen die Schwankungen dieser Zahlen sich halten müssen, damit man sie noch als konstant ansehen kann. Je nachdem, wie man über diese Frage entscheidet, wird der Bereich der konstanten statistischen Verhältniszahlen weiter oder enger gezogen.

Nun ist es aber nicht allein die Größe der Schwankungen, es ist auch ihre Form, die in Betracht kommt. Wenn die Veränderungen in einer Reihe von Verhältniszahlen zwar gering sind, aber sich deutlich ergibt, daß diese Zahlen fortwährend ab- oder zunehmen, so wird man ungern diese Zahlen als konstant betrachten, vielmehr springt eine bestimmte Änderungstendenz so deutlich in die Augen, daß man sie nicht ignorieren kann und deshalb von einer „systematischen Änderung“ sprechen muß. Anders ist es, wenn wenigstens für den ersten Anblick regellos Zu- und Abnahme miteinander wechseln. Dann erkennt man keine bestimmte Änderungstendenz und man ist vielmehr geneigt, von einer gewissen Konstanz in den Verhältniszahlen zu sprechen.

Es ist allerdings zu bemerken, daß solche bloß regellose Schwankungen verhältnismäßig selten sind und daß die Aufgabe der Statistik im allgemeinen eher darin besteht, die systematischen Änderungen in den Zahlenreihen zu finden, als die Fälle herauszugreifen, in denen solche Änderungen fehlen. Zweifellos aber kann man, auch wo offenbar systematische Änderungen vorhanden sind, falls sie in gewissen engen Grenzen bleiben, immer noch die Frage aufwerfen, wie es denn kommt, daß man nur so geringe Änderungen findet, während man von vornherein doch auf viel größere Schwankungen gefaßt sein müßte. Wenn sich jedes Jahr eine ziemlich gleichbleibende Zahl von Gestellungspflichtigen durch Selbstverstümmelung dem Militärdienst zu entziehen sucht, so ist dies eine Tatsache, auf die man von vornherein nicht gefaßt sein kann. Man könnte sich doch ebensogut denken, daß es in einem Jahr viermal oder zehnmal so viel wie in einem anderen sind, denn es besteht ja gar kein ursächlicher Zusammenhang zwischen den Ergebnissen der einzelnen Jahre. Was im einen Jahre geschehen ist, läßt sich nicht im geringsten übertragen auf das, was im nächsten Jahre geschehen wird. Es kommen ganz neue Personen in Betracht, die mit den im Vorjahre Beobachteten in keinerlei Beziehung stehen. Jeder einzelne handelt für sich, unabhängig und meist ohne Kenntnis von den übrigen. Alle Versuche zur Erklärung der geringen Veränderlichkeit statistischer Verhältniszahlen, die bisher gemacht sind, scheinen mir denn auch nicht das erstrebte Ziel zu erreichen. Meistens werden folgende Gesichtspunkte hervorgehoben: Wenn z. B. jedes Jahr ungefähr derselbe Bruchteil der Menschen durch Selbstmord aus dem Leben scheidet, so liege dieses daran, daß unter den lebenden Individuen ein gewisser Prozentsatz in bestimmter Weise krankhaft veranlagt ist, und durch eine Reihe von Umständen, die fast immer in der gleichen Weise vorhanden sind, vermöge ihrer krankhaften Veranlagung zum Selbstmord getrieben wird. Diese Erklärung klingt an sich durchaus annehmbar. Man muß schon etwas näher zusehen, um zu erkennen, daß sie in Wirklichkeit gar keine Erklärung im Sinne einer Zurückführung auf leichter zu durchschauende Tatsachen ist. Wir können nämlich zunächst fragen: Wie kommt es denn, daß ein bestimmter Prozentsatz der lebenden Individuen eine krankhafte Neigung zum Selbstmord besitzt? Selbst wenn diese Neigung in allen Fällen von den Eltern auf die Kinder überginge und nur auf diese Weise zustande käme, so daß immer die Kinder der zum Selbstmord veranlagten Personen und nur diese die gleiche Neigung besitzen, selbst dann bliebe noch zu erklären, wie es kommt, daß von einer Gruppe Menschen, die einen bestimmten Prozentsatz der Bevölkerung ausmacht, auch die Nachkommen immer wieder angenähert denselben Prozentsatz der Bevölkerung ausmachen, was ja durchaus nicht selbstverständlich ist, da die Anzahl der Kinder von einem Ehepaar zum anderen erheblich wechselt, auch die so veranlagten Personen nicht immer zur Heirat gelangen, und schließlich bleibt auch zweifelhaft, wenn nur eines der Eltern die Anlage besitzt, ob dann das Kind sie wieder erbt, denn wenn das immer der Fall wäre, müßte ja die Anzahl der so disponierten Personen rapid zunehmen. Eine eigentliche Erklärung ist so schon bei dieser Annahme nicht gegeben, und noch viel weniger, wenn die Veranlagung zum Selbstmord auch durch andere uns unbekannte Umstände bei der Zeugung oder im Verlauf der Entwickelung zustande kommen kann. Endlich läßt sich nicht einmal behaupten, daß in allen Fällen der Selbstmord auf einer bestimmten Veranlagung beruhe, durch eine Reihe besonderer Umstände, insbesondere den wirtschaftlichen oder moralischen

Zusammenbruch, kann möglicherweise auch ein normal veranlagter Mensch zum Selbstmord getrieben werden. Namentlich ist ja bekannt, daß Liebespaare, ohne daß beide Teile zum Selbstmord prädisponiert sein müssen, durch die erotische Stimmung zum Selbstmord gebracht werden. Alles das sind Umstände, die sich von vornherein nicht abwägen lassen. Man kann in allen Fällen nur dieselbe Behauptung wiederholen, es befinde sich in der menschlichen Gesellschaft von den unter den verschiedenen Einwirkungen stehenden Individuen immer angenähert ein bestimmter Prozentsatz. Dadurch wird aber die eigentliche Tatsache der Unveränderlichkeit nicht erklärt, sondern nur fortgesetzt behauptet. Gewiß können wir behaupten, es befinde sich in der Gesellschaft immer angenähert derselbe Prozentsatz von unglücklichen Liebenden oder bankerotten Existenzen, aber wie dieses wiederum zu erklären sei, dafür fehlt uns ebensosehr jede Handhabe wie für die ursprüngliche Frage. Das anfängliche Problem wiederholt sich immer aufs neue.

Auch die Berufung auf eine durchgehende Gesetzmäßigkeit, die in der menschlichen Gesellschaft ebenso wie in der Natur walten müsse, erklärt gar nichts, ebensowenig wie der Vergleich mit den die Ordnung im Staat herstellenden Gesetzen[1]). Allerdings ist es nicht ganz so, wie Windelband (Die Lehren vom Zufall, Inauguraldiss., Göttingen 1871, S. 47) sagt, daß ein naturwissenschaftliches Gesetz nur da vorliege, wo sich genau dasselbe numerische Verhältnis herausstellt. Denn alle Beobachtung zeigt wegen der unvermeidlichen Beobachtungsfehler und wegen der stets wirksamen störenden Nebenerscheinungen nie

[1]) Vgl. Ad. Wagner, Die Gesetzmäßigkeit in den scheinbar willkürlichen menschlichen Handlungen. Hamburg 1864.

die genaue, sondern immer nur die angenäherte Erfüllung des Gesetzes. Wir können aber überhaupt nicht von einer naturgesetzlichen Erklärung reden, wo nur in einem bestimmten Bruchteil der in Betracht kommenden Fälle ein bestimmter Erfolg eintritt. Das Wesen der Naturerklärung ist nämlich, daß wir mit einer Erscheinung immer eine andere Erscheinung verknüpft finden. Wenn wir daher die Erklärungsweise der Naturwissenschaft beibehalten wollen, so müssen wir die wirklich beobachteten Tatsachen derart ergänzen, daß wir in allen Fällen, wo bestimmte Voraussetzungen erfüllt sind, auch einen bestimmten Erfolg erhalten. Wir fügen daher zu den konstanten Bedingungen, die in allen Fällen gleichmäßig erfüllt sind, variable Bedingungen hinzu, die den Erfolg im einzelnen Falle entscheiden. Nehmen wir z. B. die Kindersterblichkeit während der ersten Lebensmonate. Wir können dann sagen, daß der Tod der Kinder aus ihrer geringen Lebensfähigkeit folgt. Wir teilen also den Kindern bei ihrer Geburt eine verschiedene Lebenskraft zu, nach der sich ihre Lebensdauer bestimmt. Es gehen aber die Kinder nicht ein, wie ein Lichtstummel verlöscht, wenn er abgebrannt ist, sondern es tritt immer, wenn sie sterben, eine äußere Ursache hinzu, die auch ausbleiben kann. Ob und wann das geschieht, dafür fehlt uns jede Kontrolle. Wir sind also auch hier darauf angewiesen, bloß zu sagen: unter den Kindern mit schwacher Lebenskraft werden mehr sterben, als unter den kräftigen Kindern. Selbst das aber kann zweifelhaft erscheinen, denn es könnte doch auch einmal glücken, daß die schwächlichen Kinder besser davonkommen wie die kräftigen. Wie es aber zustande kommt, daß einzelne Kinder lebensfähig sind, die anderen nicht, darüber können wir nie etwas Bestimmtes sagen. Gewiß können wir eine Reihe von Umständen angeben, die auf die Lebenskraft des Kindes

Einfluß haben: der Ernährungszustand der Mutter während der Schwangerschaft, die physische Beschaffenheit der Eltern usw., aber nie finden wir Umstände, unter denen in keinem Falle oder in jedem Falle das Kind lebenskräftig ist. Ebenso übt natürlich auch die Säuglingspflege ihren Einfluß auf die Sterblichkeit der Kinder aus, aber wir können wiederum nicht sagen, daß ein schlecht gepflegtes Kind, wenn es von Geburt an schwach war, immer, und ein gut gepflegtes Kind, wenn es der Anlage nach kräftig ist, nie stirbt. Die durchgängige Verbindung zweier Tatsachen, die das Wesen der Erklärung in der Naturwissenschaft ausmacht, findet also nicht statt, wenn wir bloß allgemein von der Lebensfähigkeit oder Lebensmöglichkeit sprechen und nicht auf alle besonderen Umstände eingehen, die im einzelnen Falle den Tod des Kindes herbeigeführt haben. Nicht anders ist es mit dem Geschlechtsverhältnis der Geborenen, das zu den konstantesten Verhältniszahlen der Statistik gehört. Alle beobachtbaren Umstände reichen nicht aus, um das Geschlecht des geborenen Kindes mit Bestimmtheit angeben zu können. Allerdings knüpft sich gerade an diesen Fall eine allgemeine Erklärung an, welche die Geschlechtsbestimmung auf elementarere Vorgänge zurückführt. Man nimmt nämlich an (vgl. Lexis, Abhandlungen zur Theorie der Bevölkerungs- und Moralstatistik, Jena 1903, S. 94), daß schon die Keimzellen, seien es allein die weiblichen oder auch die männlichen, geschlechtlich bestimmt seien und das in ihnen angelegte Geschlechtsverhältnis auch in dem Geschlechtsverhältnis der Geburten zutage tritt. Der Fall, der hier vorläge, wenn diese Erklärung richtig sein sollte, läßt sich durch folgendes Bild veranschaulichen. Ich habe in einer Tonne Bohnen und Erbsen gemischt und gut durcheinandergerührt; ich greife nun mit einem kleineren Gefäß eine gewisse Menge aus der Mischung heraus, dann behaupte ich, daß die Mischung in der herausgegriffenen Probe dieselbe sei wie in dem ganzen Gefäß. Diese Tatsache wird auch allgemein als richtig anerkannt. Wo im Handel Mischungen (etwa von zwei Kaffeesorten) hergestellt werden, verläßt man sich darauf, daß das Verhältnis der gemischten Substanzen in jedem Teil dasselbe sei wie im ganzen. Wenn wir an der Richtigkeit der Tatsache aber auch nicht zweifeln, so fehlt uns doch eine kausale Erklärung dafür. Wir können die Tatsache auffassen als ein Axiom, was heißt, daß wir sie nur als richtig annehmen, aber auf ihre Erklärung verzichten. Doch bedeutet der Verzicht auf eine kausale Erklärung immer noch nicht den Verzicht auf eine erkenntnistheoretische Erklärung. Auch die Geometrie nimmt ja eine Reihe von Axiomen als unbewiesene Tatsachen an, aber die Erkenntnistheorie setzt gerade bei diesen Axiomen ein und sucht ihr Zustandekommen und ihre Bedeutung zu erklären.

So geht es auch hier. Wir fühlen das Bedürfnis, eine Erklärung dafür zu suchen, wie diese Tatsache, die wir kausal nicht als hinreichend erklärt ansehen können, in Wirklichkeit zustande kommt. Im Grunde ist es nun folgende Anschauung, die häufig Platz greift. Da die natürliche Erklärung aus regelmäßigen Verknüpfungen bestimmter Erscheinungen versagt, greift man zu einer übernatürlichen Deutung. Man denkt sich eine Art ausgleichender Gerechtigkeit, die das Gleichmaß herstellt. Wie, das können wir freilich nicht sagen. Wir müßten uns denn kleine Dämonen denken, die darauf wirken, den Ausgleich herzustellen, die z. B. bei der Befruchtung die männlichen und weiblichen Keimzellen in dem gehörigen Verhältnis zur Geltung bringen, die also untereinander im Verkehr stehen und gegenseitig ihre Tätigkeit regulieren, die auch für die richtige Verteilung der Krankheitskeime sorgen und dadurch die gehörige Anzahl Kinder sterben lassen, usw. Wem diese Erklärung reichlich phantastisch scheint, der möge sich klar machen, daß es schwer einzusehen ist, wie man ohne die Annahme solcher übernatürlicher Regulative eine Erklärung erzielen kann. Man muß eben bedenken, daß der eine Fall mit dem anderen äußerlich in gar keiner Beziehung steht. Jede solche Beziehung, wie sie z. B. bei der Kindersterblichkeit durch eine Epidemie gegeben ist, würde im Gegenteil den Ausgleich verhindern, durch sie würde sich ja die normale Sterblichkeit erhöhen. Wir dürfen also keine kausale Beziehung zwischen den einzelnen Fällen annehmen. Wie sollen wir sie dann miteinander in Verbindung bringen? Welchen Grund haben wir, anzunehmen, daß wenn ein Ereignis, z. B. ein Verbrechen wie Diebstahl oder Notzucht, während eines Jahres in Deutschland eine gewisse Anzahl Male eingetreten ist, daß es dann im nächsten Jahre zwar nicht genau, aber doch ungefähr ebensooft eintreten wird. Gewiß können wir rechnen, daß wir in Deutschland eine gewisse Anzahl zu dem Verbrechen disponierte Personen haben, aber da diese Personen doch das Verbrechen nicht jedes Jahr ausführen, so ist gar nicht abzusehen, warum nicht ein Jahr zufällig frei bleiben soll. Wenn Hinz das Verbrechen nicht ausführt, so ist das gar kein Grund für Kunz, seinerseits das Verbrechen zu begehen. Und doch widerstreitet die Annahme einer großen Unregelmäßigkeit in solchen statistischen Verhältniszahlen durchaus unserem Empfinden. „Wenn in einem Lande", sagt Lexis (a. a. O., S. 98), „in einem Jahre 1000 Unterschlagungen stattgefunden haben, so ist nicht zu erwarten, daß dieses Verbrechen im anderen Jahre gar nicht und wieder in anderen Jahren in 10 000 Fällen vorkommen werde". „In einer großen Bevölkerung sind fortwährend", fügt er zur Erklärung hinzu, „alle Abstufungen zwischen Arm und Reich vorhanden, ebenso alle Arten von Geschäftsbeziehungen und Amts- und Dienststellungen, die zu einem solchen Verbrechen Veranlassung geben können, ferner werden immer wieder viele Personen von wirtschaftlichen Schwierigkeiten, Verlegenheiten und Notständen betroffen, auch sind Leichtsinn, Gewissenlosigkeit, Verschwendungssucht und andere üble Eigenschaften stets in mannigfaltigen Graden verbreitet, und so treffen denn auch immer wieder die Bedingungen, die zu dem genannten und anderen Verbrechen und Vergehen gegen das Eigentum führen, in einer Anzahl von Fällen zusammen.“ Das ist alles gewiß richtig, aber unter allen diesen Umständen ist kein einziger, der mit Notwendigkeit zu dem Verbrechen führt, und wir können deshalb auch durchaus nicht einsehen, warum mit Notwendigkeit oder nur mit einer gewissen Sicherheit anzunehmen ist, daß die Schwankungen in der relativen Häufigkeit des Verbrechens unter einer bestimmten Grenze bleibt. Man kann vielleicht sagen: vom sozialwissenschaftlichen Standpunkt ist alles klar, nur vom erkenntnistheoretischen Standpunkt liegt ein Problem vor. Es ist aber kein Zweifel, daß dieses Problem, auch wenn wir dafür keine bestimmte Antwort, sondern nur eine feste Fragestellung finden, von der größten Bedeutung ist. Denn auf der Tatsache, um deren Erklärung es sich hier handelt, beruht ja überhaupt die Möglichkeit eines wirtschaftlichen und staatlichen Lebens. Sonst würde alles durcheinander geraten. In einem Jahre würde der Stand der Unschuld herrschen, im Jahre darauf wäre keiner seines Lebens und seines Eigentums sicher. Die Bevölkerung würde sich nicht gleichmäßig verteilen, in einem Jahre würden fast gar keine, im anderen zu viel Kinder geboren werden, einmal würde es an Arbeitskräften fehlen, dann wären sie wieder im Überfluß da und nähmen sich das Brot weg. Da aber nicht bloß die vom menschlichen Willen abhängigen Vorgänge, sondern auch die Ereignisse der Natur auf einem statistischen Ausgleich beruhen, so würde die Verwirrung sich immer weiter häufen. Während jetzt, von einzelnen Mißernten abgesehen, Jahr für Jahr genügend Nahrung für alle emporwächst, würden dann die fetten und mageren Jahre regellos wechseln, einmal würde die Nahrung verderben und das andere Mal würden die Menschen Hungers sterben. So würde alle Ordnung und Sicherheit verloren gehen, alle menschliche Fürsorge würde unmöglich gemacht, der Mensch könnte nur stumpfsinnig in den Tag hineinleben und damit müßte alle Kultur erlöschen. Wir sehen daher, wie alles von diesem Ausgleich abhängt, für den wir im strengen Sinne des Wortes, nämlich im Sinne eines unverbrüchlichen ursächlichen Zusammenhanges, doch keine Erklärung geben können.

Die Annahme eines solchen Ausgleichs erweist sich schon in den elementarsten Naturerscheinungen als notwendig. Auf ihm beruht z. B. der sogenannte zweite Hauptsatz der Wärmetheorie, der aussagt, daß Wärme nicht von selbst vom kälteren zum wärmeren Körper übergeht. Gerade für diesen Fall hat schon Maxwell darauf hingewiesen, daß die logische Notwendigkeit des Ausgleichs nicht einzusehen sei. Dieser zweite Hauptsatz ist nicht ein Naturgesetz wie andere, er hat nur die Bedeutung einer Annahme, der wir uns nicht entziehen können; diese Annahme ist im Grunde dieselbe, die auch die Grundlage aller wirtschaftlichen Regelmäßigkeit bildet.

Die Annahme scheint so natürlich, so unausweichlich, daß man naturgemäß trachtet, sie auch als selbstverständlich zu erweisen. Dieser an sich durchaus begreifliche Trieb hat sich auch bei den Annahmen gezeigt, welche die Geometrie machen muß, ohne sie weiter beweisen zu können. So hat es lange gedauert, ehe man das bekannte Parallelenaxiom (wonach es in einer Ebene durch einen Punkt außerhalb einer Geraden nur eine Gerade gibt, welche die erste Gerade nicht schneidet) als das erkannte, was es ist, als eine unbeweisbare Annahme. Vorher glaubte man immer, nach einer Erklärung oder einem Beweise für eine Tatsache suchen zu müssen, die vom Standpunkte des reinen Denkens so merkwürdig scheint und auf die unsere Anschauung uns doch gleichsam von selbst hinführt.

Ähnlich liegt der Fall auch hier. Die Annahme einer durchgängigen Regelmäßigkeit in den Massenerscheinungen wurzelt so tief in uns, daß wir sie uns unmittelbar begreiflich zu machen, sie uns zu erklären suchen. Zu einer solchen Erklärung haben viel die besonderen Massenerscheinungen beigetragen, die wir aus den Glücksspielen ableiten. Diese Massenerscheinungen sind zum großen Teil nicht wirklich beobachtete Erscheinungen, sondern bloße Gedankenexperimente. Man denkt sich z. B., es werde ein Würfel sehr oft geworfen, tausende von Malen, ohne es wirklich auszuführen, und urteilt dann ohne weiteres, es werde jede der sechs Seitenflächen des Würfels hierbei annähernd gleich oft oben zu liegen kommen. Lassen wir es einmal dahingestellt, inwieweit ein solches Gedankenexperiment möglich ist, inwieweit der Schluß berechtigt ist: „Es läßt sich absolut nicht einsehen, warum eine Seitenfläche öfter als die andere oben zu liegen kommt, und deshalb kommen sie alle gleich oft oben zu liegen". Nehmen wir die Tatsache ohne weiteres als richtig an, so würde aus ihr allerdings mit Sicherheit folgen, daß, wenn wir jetzt drei Seiten der Würfel weiß und die anderen drei rot anstreichen, in der Hälfte der vorkommenden Fälle eine weiße Seite oben zu liegen kommt.

Windelband, der (a. a. O.) mit Recht entschieden davor

warnt, die gleichbleibenden Verhältniszahlen der Statistik als eine Gesetzmäßigkeit auf den einzelnen Fall zu übertragen, und ebenso energisch zurückweist, daß ein mechanischer Ausgleich zwischen den einzelnen Fällen zustande kommt, da das Resultat eines Falles auf das Resultat der anderen Fälle keinen Einfluß ausübt, gibt doch den konstanten Bedingungen der Ereignisse eine Bedeutung, die über die Grenzen des Erfahrungsmäßigen hinausgeht, wenn er sagt: „Je öfter man die konstanten Bedingungen in Wirksamkeit treten läßt, desto mehr gibt man allen in denselben enthaltenen Möglichkeiten Gelegenheit, sich zu realisieren, und es liegt im Begriffe der gleich möglichen Fälle, daß bei einer genügend großen Anzahl von Fällen jeder Möglichkeit eine gleiche Menge von Gelegenheiten zu ihrer Realisierung geboten wird. Wenn nun mehrere Möglichkeiten, weil sie das gemeinsame Merkmal der günstigen Fälle haben, als eine Möglichkeit angesehen werden, so werden die dieser Möglichkeit gebotenen Gelegenheiten der Realisierung eine Summe darstellen, in welcher die jeder einzelnen Möglichkeit gebotene Anzahl von Gelegenheiten so oft enthalten ist, als jene angenommene Möglichkeit einzelne Möglichkeiten unter sich begriff. Wenn man, um das obige erste Beispiel wieder anzuwenden, fortwährend mit dem Würfel spielt, so werden, da die Möglichkeit weiß zu werfen drei Möglichkeiten unter sich begreift, dieser Möglichkeit dreimal soviel Gelegenheit zu ihrer Realisierung geboten, als jeder einzelnen anderen Möglichkeit. So wird bei gesteigerter Menge von Fällen allmählich das numerische Verhältnis der Wiederholungen, in denen die einzelnen Fälle auftreten, demjenigen der Möglichkeiten mehr und mehr gleichkommen, und es werden sich in der Summe von Fällen die konstanten Bedingungsverhältnisse mehr und mehr als die Verhältniszahlen der Wiederholungen geltend machen.“

In dieser Erklärung steckt unverhüllt der alte Begriff der Möglichkeit als eines potentiellen Seins, dem die Gelegenheit geboten werden kann, sich in die Wirklichkeit zu übertragen, das aber auch nicht in die Erscheinung treten kann. Das einzelne Ereignis ist eine solche Gelegenheit zur Verwirklichung. Daß diese Gelegenheit in einem bestimmten Bruchteil der vorkommenden Fälle ergriffen und in den übrigen verschmäht wird, liegt wohl in dem Charakter der Möglichkeit. Die Möglichkeit begreift sozusagen einen gewissen Prozentsatz Wirklichkeit in sich, auf den sie ihrer Besonderheit gemäß eingestellt ist und dem sie zustrebt, wie ein Mensch die sich ihm bietenden Gelegenheiten zu essen, zu schlafen oder zu reden in einem bestimmten Maße benutzt.

Statt der Möglichkeiten, die sich in einem gewissen Bruchteil der Fälle verwirklichen, kann man auch Ursachen setzen, die nur in demselben Bruchteil der Fälle wirksam werden, ohne daß irgend ein Grund anzugeben ist, warum sie einmal wirken und einmal nicht, oder man kann auch an Ursachen denken, die verschieden wirken, ohne daß diese Verschiedenheit irgend welche Regelmäßigkeit zeigt. Dieses ist die Auffassung, welche die Ursachen in zwei Arten, konstante und zufällige, zerlegt und danach das „Gesetz der großen Zahlen“ begründet. So hat es Poisson eingeführt (Note sur la loi des grands nombres, Comptes Rendus de l'Académie des Sciences, Bd. 2, Paris 1836). Nach ihm besteht es darin, daß, „wenn man sehr große Anzahlen von Erscheinungen derselben Art beobachtet, welche von konstanten und von unregelmäßig veränderlichen Ursachen abhängen, die aber nicht progressiv veränderlich sind, sondern bald in dem einem und bald in dem anderen Sinne wirken, man zwischen diesen Zahlen Verhältnisse findet, welche fast unveränderlich sind. Diese Verhältnisse haben bei jeder besonderen Art von Erscheinungen einen speziellen Wert, welchem sie sich immer mehr nähern, je größer die Anzahl der beobachteten Erscheinungen wird, und welchen sie in aller Strenge erreichen würden, wenn die Reihe der Beobachtungen ins Unendliche fortgesetzt werden könnte“ (Recherches sur la probabilité des jugements, Paris 1837, deutsch von Schnuse unter dem Titel Lehrbuch der Wahrscheinlichkeitsrechnung, Braunschweig 1841).

Diese Formulierung wird uns noch klarer verständlich, wenn wir die entsprechende Stelle in Laplaces Philosophischem Versuch über die Wahrscheinlichkeiten (Paris 1814, als Einleitung zu seinem großen Werke Théorie analytique des probabilités) nachschlagen. Es heißt dort: „Inmitten der veränderlichen und unbekannten Ursachen, die wir unter der Bezeichnung Zufall zusammenfassen und die den Gang der Ereignisse ungewiß und unregelmäßig machen, sehen wir in dem Maße, wie sie an Zahl zunehmen, eine auffallende Regelmäßigkeit auftauchen, die einen planmäßigen Eindruck macht und die man oft als einen Beweis für die göttliche Vorsehung angesehen hat. Aber wenn man genauer zusieht, erkennt man bald, daß diese Regelmäßigkeit nur die Entfaltung der Möglichkeiten für die verschiedenen Einzelereignisse bedeutet, die um so öfter eintreten müssen, je wahrscheinlicher sie sind. Denken wir uns z. B., daß man aus einer Urne, die schwarze und weiße Kugeln gemischt enthält, sehr oft hintereinander eine Kugel zieht und sie jedesmal wieder zurücklegt. Das Verhältnis der gezogenen schwarzen und weißen Kugeln wird dann meist erst sehr unregelmäßig sein, aber die veränderlichen Ursachen, denen diese Unregelmäßigkeit entspringt, bringen abwechselnd günstige und ungünstige Wirkungen auf den regelmäßigen Gang der Ereignisse hervor und lassen, indem sie sich bei einer großen Anzahl von Ziehungen zerstören, mehr und mehr das Verhältnis der in der Urne enthaltenen schwarzen und weißen Kugeln hervortreten."

Diese Auffassung von Laplace ist in der philosophischen Literatur häufig aufgenommen worden. So sagt z. B. ganz in diesem Sinne W. Wundt in seiner Logik: „Die Annahme des Zufalls schließt stets eine bestimmte objektive Bedingung ein. Diese Bedingung besteht darin, daß die zufälligen Abänderungen eines Ereignisses in einer unendlich großen Anzahl von Fällen sich aufheben müssen. Jede konstante, nicht sich ausgleichende Abweichung von diesem Werte gilt nicht mehr als ein Werk des Zufalls, sondern als die Wirkung bestimmter Ursachen, deren Ermittelung ein Problem der wissenschaftlichen Forschung ist. Im strengsten Sinne gilt nur derjenige Teil einer individuellen Schwankung als Zufall, welcher sich der Elimination fügt. Die zufälligen Abweichungen sind jeder kausalen Untersuchung entzogen. Denn da wir Ursachen nur aus ihren Wirkungen erschließen und an ihnen messen können, so sind diejenigen Ursachen, deren Wirkungen sich permament ausgleichen, unerforschbar; glücklicherweise bedürfen sie eben auch wegen dieser Ausgleichung keiner Untersuchung."

Was gegen die zuletzt angeführten Erklärungsversuche eingewendet werden muß, ist wiederum, daß, wenn wir von Ursachen sprechen, die im Einzelfalle den Erfolg bestimmen, und behaupten, im Wesen dieser Ursachen liege ein gegenseitiger Ausgleich durch eine geheimnisvolle Beziehung zwischen ihnen, wir sozusagen diese Ursachen beleben. Wir deuten sie nach Analogie lebender Wesen, die zueinander in Beziehung treten können, die ihr Wirken gegenseitig regulieren und mit Absicht durch ihr Zusammenwirken einen bestimmten Zustand herbeiführen. So unwissenschaftlich eine solche Auffassung auch scheinen mag, so verbreitet ist sie selbst unter den schärfsten Denkern und so stark hat sie sich im Sprachgebrauch festgeheftet. So behauptet auch z. B. Sigwart in seiner Logik: „In den Fällen des Würfelns z. B. wissen wir, sei es aus der Beschaffenheit der Ursachen, welche die einzelnen Fälle verwirklichen, sei es aus der Erfahrung, daß in einer größeren Anzahl von Fällen die einzelnen Würfe annähernd gleich häufig auftreten, daß die realen Ursachen, welche die bestimmten Würfe herbeiführen, in der Weise abwechseln, daß sie keinen Wurf vor den anderen bevorzugen." Ähnlich sagt Friedrich Albert Lange in seinen Logischen Studien: „Es ist a priori und nach Analyse aller Erfahrung anzunehmen, daß die unbekannten und in der Rechnung fehlenden Umstände dem Ergebnis ebenso leicht günstig als ungünstig sein können." Wie dies a priori anzunehmen sein soll, ist mir unverständlich. In völliger Allgemeinheit ist der Satz ja nicht einmal richtig. Es würden durch ihn besondere Ereignisse herausgegriffen werden, bei denen wir in einem bestimmten eng umgrenzten Sinne von Zufall sprechen können. Wir würden eben definitionsmäßig von Zufall dann reden, wenn bei verschiedenen Ermittelungen der relativen Häufigkeit eine Abweichung nach der einen Seite ebensooft eintritt, wie eine gleich große Abweichung nach der anderen Seite. Gemeint sind aber wohl nicht die wirklich resultierenden Abweichungen, sondern die elementaren Abweichungen, die jeder einzelnen der wirkenden Ursachen zuzuschreiben sind. Daß die unbekannten Umstände dem Ergebnis ebenso leicht günstig als ungünstig sein können, ließe sich dann so auffassen, daß die elementaren Abweichungen, die jeder einzelne dieser Umstände in der relativen Häufigkeit hervorrufen würde, sich symmetrisch um einen Mittelwert gruppieren. Wir werden später sehen, wie diese Annahme rechnerisch zur Geltung kommt. Sie bedeutet in der Tat, daß die entstehenden Schwankungen im Gesamtergebnis durchaus den Charakter des Zufälligen haben. Sehen wir uns die Sache aber etwas näher an! Nehmen wir z. B. den Fall einer Knaben- oder Mädchengeburt, so dürfen wir nicht etwa die Umstände, die das Geschlecht des Kindes bestimmen, als gleich günstig einer Knaben- wie einer Mädchengeburt ansehen, denn das Verhältnis der Knaben- und Mädchengeburten ist nicht das der Gleichheit. Es würden als solche Umstände vielmehr nur die Ursachen in Frage kommen, die ein Abweichen von einem gewissen normalen Wert des Verhältnisses von Knaben- und Mädchengeburten bedingen. So gelangen wir jedoch nicht zu einer Erklärung des Tatbestandes, denn die realen Umstände, die in Frage kommen können, wirken eben nicht auf das Abweichen von einem normalen Verhältniswert im statistischen Gesamtergebnis, sondern auf das einzelne Ereignis, die Geburt eines Knaben oder eines Mädchens, hin. Sie gleichen sich bestimmt nicht aus in dem Sinne, daß sie der Geburt eines Knaben ebenso günstig sind, wie der Geburt eines Mädchens, vielmehr sind sie der Geburt eines Knaben günstiger.

Durch das Hineinziehen des Zufallsbegriffes wird in das „Gesetz der großen Zahlen“ noch ein neues Moment hineingetragen. Kann die annähernde Konstanz einer relativen Häufigkeit an sich das Symptom für das Wirken des Zufalls sein? Zu dieser Frage ist folgendes zu bemerken. Die völlige Ausgleichung tritt, wie gesagt wird, bei einer unendlich großen Anzahl von Fällen ein. Sehen wir einmal davon ab, wieweit eine solche Behauptung begründet ist, die sich nicht auf ein bestimmtes Tatsachenmaterial bezieht, sondern auf ein über den Beobachtungen stehendes Ideal (die unendliche Häufung der Fälle), so bleibt immer noch zu erwägen, was eintritt, wenn die Anzahl der Fälle nicht unendlich groß ist. Dabei stellt es sich aber heraus, daß gerade nicht die Konstanz der relativen Häufigkeit, sondern vielmehr ihre Schwankungen das Bezeichnende sind. Aus der Art dieser Schwankungen bestimmen wir erst den Charakter des Zufälligen. Wir finden konstante Verhältniszahlen, die ganz sicher nicht auf dem Wirken eines Zufalls, sondern viel eher auf einer festen Unveränderlichkeit der zugrundeliegenden Bedingungen beruhen. Das Spiel des Zufalls gibt sich erst da kund, wo Schwankungen auftreten und das schließlich herauskommende Verhältnis sicher nicht durch innerlich regulierende Prinzipien, die es in bestimmten Grenzen halten, bestimmt ist. Wenn wir eine Münze in die Luft werfen, so ist nicht in einer für uns erkennbaren Weise von vornherein begründet, daß bei einer großen Anzahl von Würfen beide Seiten der Münze gleich oft nach oben zu liegen kommen.

Das Werfen einer Münze ist ein besonders einfaches Beispiel eines Glücksspieles. Es scheint nun zweckmäßig, wenn es sich um die allgemeine Erforschung der Eigenart der Ereignisse handelt, bei denen die verschiedenen möglichen Ergebnisse sich in annähernd gleichbleibendem Häufigkeitsverhältnis darbieten, falls man die Anzahl der beobachteten Fälle groß genug wählt, dann der Betrachtung als typische Ereignisse die Glücksspiele im allgemeinen Sinne zugrunde zu legen, wozu man auch Lotterieziehungen und ähnliches zu rechnen hat, weil bei den Glücksspielen von vornherein die Art ihres Zustandekommens durchsichtig und klar erscheint. Mit dieser Betrachtung der Glücksspiele haben wir uns jetzt also etwas näher zu befassen.

Fünftes Kapitel.

Die Theorie der Glücksspiele.

Die Glücksspiele bedeuten Ereignisse, bei denen der Erfolg auf keine Weise vorher zu bestimmen ist. Wenn ich mit einem Würfel würfele, so kann ich vorher nicht wissen, welche Augenzahl fällt. Ich kann auch aus den bei einer Reihe von Würfen gefallenen Augenzahlen keinen Schluß darauf ziehen, welche Augenzahl beim nächsten Wurf fällt. Alle einzelnen Würfe sind voneinander unabhängig, keiner übt einen Einfluß auf den anderen aus. Trotzdem soll sich ergeben, daß, wenn ich mit einem Würfel eine große Anzahl Male würfele, die Anzahlen Male, die die verschiedenen Augenzahlen gefallen sind, in einem bestimmten Verhältnis zueinander stehen. Dieses Verhältnis ändert sich nur unbedeutend, wenn ich den Versuch wiederhole, indem ich noch einmal ebensooft mit demselben Würfel würfele. Wir haben auf diese Weise ein typisches Beispiel konstruiert, in dem die angenäherte Unveränderlichkeit bestimmter Verhältniszahlen erfüllt ist. Dieses Beispiel gibt uns ein Mittel an die Hand, näher in die Bedeutung der Unveränderlichkeit statistischer Verhältniszahlen einzudringen. Für die Erkenntnis des inneren Grundes dieser Unveränderlichkeit gewinnen wir allerdings zunächst nichts, denn was daran rätselhaft ist, bleibt ebenso rätselhaft auch an diesem besonderen Falle des wiederholten Würfelns. Die einzelnen Würfe sind völlig unabhängig voneinander, so nehme ich wenigstens an, und trotzdem sollen sie sich bei einer großen Anzahl von Würfen in bestimmter Häufigkeit ergeben. Wie ist das zu erklären? Wie kann ich zu der Überzeugung gelangen, daß ich bei 600 000 Würfen ungefähr je 100 000 mal die einzelnen Augenzahlen werfe? Warum kann ich nicht ebensogut doppelt so oft sechs Augen wie ein Auge werfen? Die einzelnen Würfe können sich nicht untereinander regulieren, denn sie sind ja unabhängig voneinander. Wenn ich schon hundertmal sechs Augen geworfen habe, so hindert das nicht, daß ich auch noch das nächste Mal sechs Augen werfe, aber fördert es auch nicht.

Die Unabhängigkeit der einzelnen Fälle bei solchen Zufallsereignissen wie das Würfelspiel ist allerdings keineswegs unbestritten. Schon d'Alembert hat ernste Zweifel über sie geäußert (Réflexions sur le calcul des probabilités, Opuscules math., vol. 2, 1761; Doutes et questions sur le calcul des probabilités, Mélanges de litérature, d'histoire et de philosophie, vol. 5, 1770). Es ist merkwürdig, daß dieser Mann, der einer der führenden Geister der Aufklärung und ein ungemein scharfsinniger Kopf war, gerade in solchem entscheidenden Punkte so völlig anderer Meinung war, wie die meisten seiner Zeit- und Gesinnungsgenossen. Er konnte sich nicht darein finden, daß, nachdem mit einem Würfel mehreremal hintereinander sechs Augen geworfen sind, nun das nächste Mal ebenso leicht sechs Augen sollen fallen können, als ob das Spiel erst begänne. Er konnte sich anscheinend der Vorstellung nicht verschließen, daß in dem natürlichen Geschehen gewisse regulierende Prinzipien wirksam seien, die ein Übermaß nach der einen oder anderen Seite hin verhüten. Die Schwierigkeit liegt aber in der Vereinigung dieser Prinzipien mit den Grundsätzen, auf denen wir sonst die Naturerklärung aufbauen. Wir müssen, um ihre Möglichkeit einzusehen, entweder annehmen, daß eine Macht wirksam ist, die über den Zwang des Kausalitätsprinzips erhaben ist, oder daß dieses Kausalitätsprinzip doch nicht allgemein gültig ist, daß es gewisse Ereignisse oder gewisse Momente des Geschehens gibt, die ihm nicht unterliegen, mit anderen Worten, daß es einen absoluten Zufall gibt, daß aber dieser Zufall doch nicht blind ist, wie man zu sagen pflegt, sondern daß er vielmehr in bestimmter Weise gelenkt oder geleitet wird. Der Ausgleich, den wir bei Zufallsereignissen beobachten sollen, beruht dann eben darauf, daß diese Ereignisse, die nicht dem Kausalitätsgesetz unterliegen, auf eine bestimmte Verteilung der Resultate hingelenkt werden, so daß sie wohl im einzelnen Falle einen außergewöhnlichen Erfolg oder eine beklagenswerte Zerstörung mit sich führen, in ihrer Gesamtheit aber den Lauf der Welt nicht beeinflussen können. Eine derartige Theorie, nach der das Kausalitätsgesetz zwar eine Lücke hat, aber diese Lücke durch ein anderes regulierendes Prinzip ergänzt und so erst der wirkliche Verlauf des Geschehens zustande kommt, kann sich darauf berufen, daß das Kausalitätsprinzip doch auch nur eine Hypothese und durch die Erfahrung keineswegs vollständig zu begründen ist.

Der Verwendung, die d'Alembert von einer solchen Theorie macht, um die Tatsache des Ausgleichs zu erklären, sind in gewissem Sinne verwandt die Versuche, in der zeitlichen Anordnung zufälliger Ereignisse eine bestimmte Regelmäßigkeit zu finden. Das Gemeinsame ist bei beiden Erklärungen, daß sie die von der klassischen Wahrscheinlichkeitsrechnung angenommene Unabhängigkeit der einzelnen Zufallsereignisse leugnet. Man kennt die seltsame Annahme einer „Duplizität der Fälle“, daß jedes außergewöhnliche Ereignis ein anderes von der gleichen Art, das an sich ebenso ungewöhnlich ist, nach sich zieht. Diese Theorie, für die jeder bereit sein wird, Belege aus seiner eigenen Erfahrung beizubringen, ist nicht bloß auf die Mitteilung im persönlichen Verkehr beschränkt geblieben, durch die sonst meistens derartige Theorien fortgepflanzt werden, sie ist in einer etwas anderen Form, die hauptsächlich die allgemeine Tatsache einer Vergesellschaftung der Zufallsereignisse hervorkehrte, der wissenschaftlichen Welt vorgelegt worden in der Studie von K. Marbe (Naturphilosophische Untersuchungen zur Wahrscheinlichkeitslehre, Leipzig 1899). Die Behauptungen dieses Buches blieben natürlich nicht ohne Widerspruch. Zunächst wandten sich Brömse und Grimsehl in der Zeitschrift für Philosophie 1901 (Bd. 118) gegen die Marbesche Theorie und ihre angebliche Begründung, Marbe erwiderte darauf in der Vierteljahrsschrift für wissenschaftliche Philosophie 1902, und darauf suchte noch einmal L. v. Bortkewitsch in dem Aufsatz über Wahrscheinlichkeitslehre und Erfahrung (Zeitschr. f. Philosophie 1903, Bd. 121) nachzuweisen, daß das von Marbe angeführte Tatsachenmaterial ebensogut auf der Grundlage der klassischen Wahrscheinlichkeitsrechnung seine Erklärung fände. Nach dieser ist ja bei dem bekannten Spiel der geworfenen Münze, wo es sich darum handelt, ob beim Herunterfallen Kopf oder Schrift oben liegt, eine genau alternierende Folge von Kopf oder Schrift ebenso unwahrscheinlich, wie daß andauernd nur Kopf oder nur Schrift fällt. Es ist also auch hiernach zu erwarten, daß derselbe Erfolg häufiger mehreremal hintereinander eintritt, daß sich also eine gewisse „Knäuelung“ zeigt.

Außerdem muß hinzugefügt werden, daß es bei den hier in Betracht kommenden Ereignissen oft schwer ist, zu sagen, inwiefern nicht systematische Ursachen mitspielen. Es ist bekannt, daß man beim Schießen nach einer Scheibe leicht mehrere Treffer hintereinander bekommt, weil die unbewußten physiologischen Vorgänge beim Zielen nahezu gleich ablaufen können, wenn die Aufmerksamkeit auf einen bestimmten Punkt konzentriert ist, ferner ist ebenso bekannt, daß jemand leichter einen Laden betritt, wenn er vor sich einen anderen hineingehen sieht, als wenn er selbst der erste ist. Alles das macht eine objektive Wertung des Beobachtungsmaterials außerordentlich schwierig. Jedenfalls ist es meines Erachtens verfrüht, an solche Beobachtungen eine radikale Kritik der gesamten Wahrscheinlichkeitslehre anzuknüpfen, wie es neuerdings O. Sterzinger (Zur Logik und Naturphilosophie der Wahrscheinlichkeitslehre, Leipzig 1911) getan hat. Es mag aber vielleicht gut sein, zu bemerken, daß die uns hier vorliegende Aufgabe von dem Phänomen der Knäuelung, ob es nun vorhanden ist oder nicht, unberührt bleibt. Unsere Betrachtungen knüpfen nur an die Durchschnittswerte an, die sich bei großen Anzahlen von Einzelfällen herausstellen, nicht aber an die Gruppierung der Einzelergebnisse, die auf den Durchschnittswert ohne Einfluß bleibt. Es fand auch Sterzinger bei seinen Feststellungen an geworfenen Münzen für die Gesamtzahlen der beiden möglichen Fälle die Verhältnisse 626 : 606 und 1203 : 1245, was dem theoretischen Wert 1 : 1 so nahe kommt, wie es nach der Theorie zu erwarten ist. Wir benutzen demnach hier die Glücksspiele nur, um die sich bei ihnen ergebenden statistischen Ergebnisse mit den bei anderen Ereignissen gewonnenen zu vergleichen. Wenn wir auch nicht unmittelbar auf eine innere Gleichartigkeit aus der äußeren Übereinstimmung der statistischen Ergebnisse schließen dürfen, so gewinnen wir doch ein Bild davon, wie solche Ergebnisse zustande kommen können.

Diese Verwendung der Glücksspiele ist nicht sicher vor Einwendungen, die dagegen von vornherein erhoben werden können. Die Zufallsspiele, auch die Ziehungen aus einer Urne, erscheinen so belanglos und geringwertig, daß sie mit den Vorgängen in der Natur und in der menschlichen Gesellschaft nicht verglichen werden dürfen. „Welcher blasphemische Gedanke, den Begriff des Zufallsspieles auf die Allmutter Natur anzuwenden!“ ruft L. Goldschmidt (Die Wahrscheinlichkeitsrechnung, Versuch einer Kritik, Hamburg 1897) aus. Das ist wohl mehr tief empfunden als tief gedacht. Eine Blasphemie gibt es nicht, wenn wir bestimmten, ernsthaften Forschungsgrundsätzen treu bleiben.

Das Zufallsspiel ist uns ebensoviel wert wie die Vorgänge in der belebten und unbelebten Natur, wenn es unsere Erkenntnis in einem wesentlichen Punkte fördert. Im übrigen ist der Vergleich der Glücksspiele mit den Ereignissen im menschlichen Leben so uralt, daß er geradezu trivial geworden ist. Schon in dem lateinischen Worte sors (Los) für Schicksal findet er seinen deutlichen Ausdruck. Das Wort erklärt sich wohl daraus, daß das Ziehen eines Loses als Orakel benutzt wurde und man das Ergebnis eines Orakels unmittelbar zur Bezeichnung des wirklichen Ausganges benutzte. In diesem Sinne aber bedeutet der Vergleich mit dem Ziehen des Loses keineswegs die Annahme, daß die Ereignisse des menschlichen Lebens auf einem bloßen Zufall beruhen, im Gegenteil lag bei den Römern sicher die Vorstellung zugrunde, daß dieselbe Macht, die die Wechselfälle des menschlichen Lebens unausweichlich bestimmt, sich auch in der Ziehung des Loses offenbart, daß ein innerlicher Zusammenhang zwischen dem Ergebnis der symbolischen Handlung und dem konkreten Ausgang, der vorausbestimmt werden sollte, bestehe.

Damit fiel für diese Auffassung die Schwierigkeit weg, die für uns am Anfang steht: wie weit sich das schematische Bild der Glücksspiele auf die damit verglichenen Ereignisse übertragen lasse. Auf den inneren Mechanismus des Geschehens werden wir nur dann einen Schluß ziehen können, wenn wir uns überzeugt haben, daß die verglichenen Vorgänge wirklich in ihren

Einzelheiten gleichartig sind. Das wäre z. B. bei dem Vergleich des Geschlechtsverhältnisses mit den Ergebnissen der Ziehungen aus einer Urne der Fall, wenn die Entscheidung über das Geschlecht eines geborenen Kindes dadurch getroffen wird, daß von männlichen und weiblichen Keimzellen durch den Vorgang der Befruchtung ebenso blindlings eine herausgegriffen wird, wie bei der Ziehung aus einer Urne, in der schwarze und weiße Kugeln gemischt enthalten sind, blindlings eine Kugel herausgenommen wird. Eine solche Vergleichung der beiden Vorgänge in ihrer ganzen Besonderheit ist nun aber in den seltensten Fällen möglich. Deshalb sind wir in der Tat auf den anderen Ausweg angewiesen, nur den äußeren Erfolg zu vergleichen und aus seiner Gleichartigkeit auch auf eine gewisse Gleichartigkeit des inneren Vorganges zu schließen. Dieser Schluß bleibt allerdings ein kühner und zweifelhafter, doch hat er immerhin eine gewisse Berechtigung.

Worin besteht nun bei den Glücksspielen der äußere Erfolg? Das erste, was sich hierbei heraushebt, ist der bei Glücksspielen in der Tat beobachtete Ausgleich der Chancen bei häufiger Wiederholung des Spieles. Dieser Ausgleich hat zur Folge, daß, wenn die Einsätze nicht genau den Chancen der Spieler entsprechend festgesetzt sind, sondern etwas mehr betragen, der den Gegenpart haltenden Bank mit großer Sicherheit ein mit der Zahl der Spiele steigender Gewinn zufällt. Darauf beruhen alle Spielbanken, und man wird eine Kapitalanlage in der Bank von Monte Carlo trotz der hohen Summen, die dort täglich auf dem Spiele stehen, für ebenso sicher halten wie irgend ein Staatspapier oder eine Grundschuld. An der Tatsache des Ausgleichs, mit anderen Worten, an der Tatsache, daß nach einer sehr großen Anzahl von Spielen Gewinn und Verlust ziemlich genau den Spielchancen entsprechen, besteht also wohl kein Zweifel. Es fragt sich nur, ob sich für diese Tatsache eine Erklärung finden läßt.

Der erste und einfachste Versuch einer solchen Erklärung trifft nun von vornherein nicht bloß die Glücksspiele, sondern alle Ereignisse, die mit den Glücksspielen das Gemeinsame haben, daß sie eines verschiedenen Erfolges fähig sind, und bei denen man auf keinerlei Weise vorher bestimmen kann, welcher Art der Erfolg sein wird. Als derartige Erklärungsversuche sind die im vorigen Kapitel erörterten Begründungen für das „Gesetz der großen Zahlen" zu verstehen. Dieses Gesetz bedeutet ja die annähernde Konstanz von Verhältniszahlen, die bei statistischen Erhebungen auftreten. Auch das Aufzeichnen der Ziehungsresultate bei der Urne müssen wir als eine statistische Erhebung betrachten.

Als bedenklich erschien uns aber die Erklärung, die Laplace und Poisson und mit ihnen viele andere für die Konstanz der Verhältniszahlen gegeben haben. Was sollen wir unter der Entfaltung der Möglichkeiten verstehen, auf die sich Laplace beruft? Wenn er meint, daß er durch seine Erklärung das äußere Wirken der Vorsehung beseitigt hat, so hat er eine innere Wirkung eingeführt, die nicht minder rätselhaft ist, nämlich die Entwickelung bestimmter Anlagen durch die Wirklichkeit, wobei durch innere regulierende Prinzipien dafür gesorgt ist, daß die vorhandenen Anlagen beständig in der gleichen Weise heraustreten. Es ist eine Theorie der objektiven Möglichkeit, die auf diese Weise gegeben wird.

Der Begriff der Möglichkeit bedeutet ja in der Tat eine solche vorausbestehende Anlage künftiger Ereignisse, deren Eintreten nicht gewiß ist, die wir aber in den bestehenden Umständen in gewisser Weise vorgebildet finden. Unser ganzes Leben zwingt uns dazu, mit solchen Möglichkeiten zu rechnen, fortwährend Umstände ins Auge zu fassen, mit denen wir den Gedanken eines bestimmten künftigen Geschehens verbinden müssen, ohne deshalb sicher zu sein, daß das, was wir als möglich voraussehen, wirklich eintreten wird. So gefaßt, erscheint die Möglichkeit nur in subjektiver Bedeutung. Daraus eine objektive Möglichkeit abzuleiten, liegt nahe, ist aber nicht ohne Bedenken. Nach der Auffassung der modernen Naturwissenschaft liegt die ganze Zukunft in der Vergangenheit und Gegenwart als notwendig begründet. Der Verlauf des Geschehens wickelt sich nach dem Kausalgesetz so ab, daß, was in jedem Augenblick geschieht, mit Notwendigkeit geschehen muß. Bei Aristoteles (vgl. insbesondere De interpretatione, Cap. X) ist diese Auffassung nicht vorhanden. Nach ihm braucht von zwei entgegengesetzten Behauptungen über Zukünftiges nicht notwendigerweise die eine falsch und die andere richtig zu sein, die Sache selbst ist noch unentschieden und beide Behauptungen können als problematische, als Möglichkeitsurteile, auch in objektivem Sinne gelten. Ueberweg sucht in seiner Logik den aristotelischen Gedanken mit der modernen Auffassung in Übereinstimmung zu bringen, indem er sagt, „daß unter den Momenten, von denen die Verwirklichung abhängt, nicht bloß subjektiv durch unser Wissen und Nichtwissen, sondern auch objektiv durch die Natur der Sache eine wesentliche Scheidung begründet ist. Die Gesamtheit dieser Umstände zerlegt sich in den (inneren) Grund und die (äußeren) Bedingungen. Wo nur eines davon gegeben ist, besteht eine reale oder objektive Möglichkeit, wo beides zusammen, eine reale oder objektive Notwendigkeit. In der Eichel liegt in diesem Sinne die objektive oder reale Möglichkeit der Entstehung eines Eichbaumes.“ Diese Begriffsbildung verdankt wohl hauptsächlich der

Verlegenheit des Philosophen ihren Ursprung, der sich von dem Einfluß des großen Begründers seiner Wissenschaft nicht losmachen kann und doch dem Standpunkt der modernen Forschung Rechnung tragen soll. Wenn wir den Komplex aller Ursachen teilen und sagen: ein Teil der Ursachen begründet keine Notwendigkeit, so bedeutet das doch keine reale oder objektive Möglichkeit, auch wenn die Teilung der Ursachen sich noch so natürlich ergibt. Auch Trendelenburg sagt in seinen Logischen Untersuchungen: „Aus dem Samen kann ein Baum, aus dem Ei ein Tier werden. Es ist kein leeres Spiel des Gedankens. Die Möglichkeit liegt gleichsam sinnlich vor Augen.“ In dieser Formulierung ist verhüllt, ob der bestimmte Artikel (der Same, das Ei) kollektiv gemeint ist oder sich auf einen bestimmten Gegenstand bezieht. In dem ersten Falle heißt die Behauptung nur: aus einigen Samenkörnern werden Bäume, aus einigen Eiern Tiere, und das bedeutet nicht im eigentlichen Sinne ein Möglichkeitsurteil. Das Wort „möglich“ bedeutet dann nur, wie F. A. Lange mit Recht bemerkt, eine sprachliche Ausdrucksweise. Sprechen wir dagegen von einem bestimmten Samenkorn, das wir in die Erde gelegt haben, und sagen: es ist möglich, daß aus diesem Samenkorn ein Baum emporwächst, so wenden wir die gemachte allgemeine Erfahrung auf einen Fall an, von dem wir nicht wissen, wie er ausgehen wird. Das Urteil ist ein subjektives, weil wir sicherlich nicht sagen können, es sei auch in der Wirklichkeit unentschieden, ob aus dem Samen ein Baum wird oder nicht, aber es ist doch objektiv begründet, weil wir zu diesem Urteil auf Grund bestimmter realer Erfahrungen gelangen.

Wir empfinden aber bei einem solchen Möglichkeitsurteil das Bedürfnis, die Möglichkeit auch graduell zu werten. Schon Laurentius Valla hebt hervor, daß jede Möglichkeit als eine nach bestimmten Graden abgestufte Wahrscheinlichkeit zu betrachten sei. Diese Abstufung des Möglichkeitsurteiles ist auf zwei grundverschiedenen Wegen zu erreichen. Der eine Weg ist der, daß wir wissen, wie oft in einer größeren Anzahl von beobachteten Fällen der Erfolg, den wir als möglich ins Auge fassen, unter den beobachteten Bedingungen eingetreten ist. Dieses Verfahren ist die statistische Methode. Wir werten unsere Erwartung nach dem Prozentsatz der Fälle, in denen der Erfolg bereits unter den festgestellten Bedingungen eingetreten ist. Wir können aber auch davon ausgehen, wieviele von den Bedingungen, die wir als notwendig für das Eintreten des Erfolges erkannt haben, sich wirklich feststellen lassen. Je mehr von ihnen erfüllt sind, mit um so größerer Sicherheit können wir auf den in Rede stehenden Erfolg rechnen. Dieses Verfahren nennen wir die genetische Methode. Es ist aber schwer zu sehen, wie wir hierbei zu einer zahlenmäßigen Festlegung gelangen können, denn alle die günstigen Momente, die wir konstatieren, sind doch in den seltensten Fällen unmittelbar quantitativ zu werten, während bei der statistischen Methode die beobachtete relative Häufigkeit unmittelbar einen Anhaltspunkt für die quantitative Wertung des Möglichkeitsurteiles liefert.

Deshalb erscheint auch bei den Glücksspielen zunächst der aussichtsreichere Weg nicht die genetische, sondern die statistische Methode. Es handelt sich dabei allerdings nicht darum, bestimmte relative Häufigkeiten zu beobachten und dann zur Grundlage des Spieles in künftigen Fällen zu machen, sondern man kann sich mit der Tatsache begnügen, daß sich in gewissen Grenzen eine bestimmte Häufigkeitszahl und damit auch eine bestimmte Wertung der Erwartung ergibt. Trotzdem ist es gerade die genetische Methode gewesen, die sich bei den Glücksspielen zunächst durchgesetzt hat. Sie hat der an die Glücksspiele anknüpfenden Theorie ihren eigentümlichen Charakter gegeben, hat aber dann später zu weitläufigen Erörterungen geführt, die die mehr und mehr auftauchenden methodischen Bedenken betrafen. Fast alle diese Erörterungen konzentrierten sich auf die Frage, wann wir auf Grund der genetischen Methode zwei verschiedene Möglichkeiten als gleich anzusehen haben. Diese Fragestellung ist recht zu verstehen nur, wenn wir die geschichtliche Entwickelung, welche die Theorie genommen hat, ins Auge fassen. Diese Entwickelung ist Schritt für Schritt mit innerer Notwendigkeit weiter gegangen, aber die Schwierigkeiten haben sich bei ihr immer mehr gehäuft, bis die neueste Zeit den Knoten durchhauen und sich von dem Ballast der Überlieferung einigermaßen frei gemacht hat. Den Ausgangspunkt bildete die Berechnung der Spielchancen beim Würfelspiel oder der Spieleinsätze, die den Spielchancen proportional sein müssen. Hierfür hatte sich schon Cardano († 1576), der ein leidenschaftlicher Spieler war, lebhaft interessiert und eine Schrift De ludo aleae verfaßt. Zu einer mathematischen Disziplin erhob diese Betrachtungen aber erst Galilei (Considerazioni sopra il giuoco dei dadi, Opere Vol. 3, Florenz 1718). Daß mit drei Würfeln viel häufiger zehn Augen als drei Augen geworfen werden, war bekannt. Wie sich diese Tatsache aber zu einer quantitativen Bestimmung verdichten ließe, war völlig unbekannt. Da faßte Galilei die Aufgabe so an, daß er die verschiedenen Fälle trennte, in denen eine bestimmte Augenzahl zustande kommt. Als einzelner Fall hat das Werfen einer bestimmten Augenzahl mit dem ersten, mit dem zweiten und mit dem dritten Würfel zu gelten. Zählt man diese Fälle ab, so ergeben sich im ganzen 216. Davon ist nur in einem Falle die Augenzahl drei, dagegen in 27 Fällen die

Augenzahl zehn. So hat das Fortschreiten von einer qualitativen Aussage zu einer quantitativen Bestimmung, das überhaupt das entscheidende Moment an der Entwickelung aller exakten Wissenschaft bildet, auch den Ursprung der Wahrscheinlichkeitsrechnung ausgemacht. Die Zählung der verschiedenen Fälle beim Würfelspiel ist aber nur von Bedeutung, wenn mit den einzelnen Fällen eine gleiche Wertung verknüpft werden kann. Das natürliche Gefühl stimmt dieser Annahme sofort zu. Eine exakte wissenschaftliche Begründung dafür zu finden, ist hingegen recht schwer und hat später viel Kopfzerbrechen verursacht. Galilei ging davon aus, daß man ohne weitere Begründung die Chancen, mit einem Würfel die eine oder andere Augenzahl zu werfen, als gleich ansehen und deshalb diese sechs verschiedenen Möglichkeiten gleich werten kann. Es fragt sich dann nur, ob daraus folgt, daß auch die Chancen, bei dreimaligem Werfen mit einem Würfel hintereinander oder mit drei Würfeln zugleich eine bestimmte Augenzahl zu werfen, bei jedem Wurf oder für jeden Würfel einander gleich sind. Das ist nun offenbar der Fall, denn man braucht ja nur anzunehmen, daß jeder der Spieler hintereinander auf das Werfen einer bestimmten Augenzahl mit jedem einzelnen Würfel setzt, also drei Spiele zugleich macht. Nehmen wir an, der Gewinn, den er erhoffen kann, betrage 216 Dukaten, dann setze er beim ersten Wurf einen Dukaten. Gewinnt er, so hat er sechs Dukaten. Diese sechs Dukaten setzt er wieder beim zweiten Wurf. Gewinnt er, so hat er 36 Dukaten. Diese 36 Dukaten setzt er beim dritten Wurf aufs neue, um 216 Dukaten zu gewinnen. Er hat also für 216 einen Dukaten einzusetzen, und das unabhängig von den Augenzahlen, auf die er bei den einzelnen Würfen oder Würfeln setzt. Setzt er nun nicht auf bestimmte Augenzahlen bei den einzelnen Würfen, sondern auf eine bestimmte Gesamtaugenzahl, so bedeutet das, daß er mehrere der soeben betrachteten Spiele zugleich macht, nämlich so viel, auf wieviel Arten sich durch bestimmte Augenzahlen bei den einzelnen Würfen die fragliche Gesamtaugenzahl erreichen läßt, das wäre also 27, wenn die Gesamtaugenzahl zehn beträgt.

In dieser einfachen Betrachtung liegt der Kern der ganzen Wahrscheinlichkeitsrechnung enthalten. Zugrunde gelegt wird eine Annahme gleicher Spielchancen, die nicht weiter begründet wird und auch nicht weiter begründet werden kann, sondern nur nach bestimmten Überlegungen oder aus einem gewissen Gefühl heraus plausibel scheint. Wenn diese Annahme einmal gemacht ist, so werden daraus andere, im allgemeinen ungleiche Spielchancen durch bestimmte Rechnungen auf Grund eines sicheren Verfahrens abgeleitet. Es erwies sich hierbei als zweckmäßig, die Spielchancen allgemein als Verhältnis von Einsatz und Gewinn, d. h. weil der Einsatz immer kleiner als der Gewinn ist, als einen bestimmten echten Bruch zu bestimmen. So geschieht es z. B. bei Huygens. Dieser Bruch heißt die mathematische Wahrscheinlichkeit, und nach ihr ist die ganze Rechnung genannt.

Dieser Begriff der mathematischen Wahrscheinlichkeit hat sich im Laufe der Zeit nun weiter entwickelt. Die ursprüngliche Festlegung als Verhältnis von Einsatz und Gewinn bringt ihn noch mit einem fremden Element in Beziehung, nämlich einem Geldbetrag, der sich aus dem Bruch doch wieder forthebt. Von diesem fremden Element war der Begriff zu befreien und es zeigte sich dabei, daß man nur die Frage aufzuwerfen hatte, wie man das Spiel auf Spielchancen, die alle untereinander gleich sind, aufbauen kann. So viel solcher gleicher Spielchancen man nimmt, der so vielte Teil des Gewinnes ist auf jede einzelne Chance zu setzen, und vereinigt ein Spieler mehrere dieser Chancen auf seine Person, so wird für ihn die Wahrscheinlichkeit des Gewinnens das entsprechende Vielfache des Bruches, der einer einzigen Chance entspricht. Sind nun die Spielchancen gleich groß, so spricht man von gleich möglichen Fällen des Gewinnens. Die mathematische Wahrscheinlichkeit wird damit ein Bruch, dessen Nenner die Anzahl aller der gleich möglichen Fälle und dessen Zähler die Anzahl der hierunter dem Spieler günstigen Fälle ist. Mit dieser Festlegung ist die Möglichkeit gegeben, die Definition der Wahrscheinlichkeit über die Glücksspiele hinaus auf solche Ereignisse im allgemeinen zu übertragen, die sich nach Analogie der Glücksspiele beurteilen lassen und die generell als Zufallsereignisse bezeichnet werden. Es wird derart die Beurteilung aller solcher Ereignisse an die Scheidung gleich möglicher Fälle geknüpft. In diesem Sinne sagt z. B. Laplace: „La théorie des hasards consiste à réduire tous les évènements du même genre à un certain nombre de cas également possibles, c'est-à-dire tels que nous soyons également indécis sur leur existence.“ Die letzten Worte geben schon an, wie in der klassischen Wahrscheinlichkeitsrechnung immer die gleich möglichen Fälle festgelegt werden. Zwei Fälle sollen als gleich möglich angesehen werden, wenn sich kein Grund findet, unter ihnen einen für wahrscheinlicher zu halten als den anderen. J. v. Kries (Die Prinzipien der Wahrscheinlichkeitsrechnung, Freiburg 1886) hat mit Recht darauf hingewiesen, daß diese Bestimmung zwar eine notwendige, aber die so gegebene Erklärung keineswegs eine genügende sei, denn sie läßt noch der Willkür einen großen Spielraum. Die Aufstellung der gleich möglichen Fälle müsse aber eine in eindeutiger Weise und ohne jede Willkür sich ergebende sein. Er findet die Aufstellung gleichberechtigter Annahme überall da möglich, wo unserem Wissen gemäß ein meßbarer und in Teile zu zerlegender Spielraum des Verhaltens möglich ist. Gleichen Teilen des Spielraumes entsprechen auch gleiche Möglichkeiten. Ich kann nicht finden, daß die Schwierigkeit dadurch gehoben ist. Es ist nur ein besonderes Bild für die Vorgänge geschaffen, das wohl sehr anschaulich ist (wir müssen etwa an die Felder auf der Scheibe der Roulette denken), aber doch nichts erklärt. Kries hat eine Art Stoßspiel ersonnen, das wohl in der Art, wie er es verwendet, die Annahme gleicher Möglichkeiten als berechtigt erscheinen läßt, an dem sich aber auch zeigen läßt, daß allein das Vorhandensein eines meßbaren und bestimmt teilbaren Spielraumes nicht ausreicht. Stoße ich eine Kugel in einer Rinne vorwärts, die in gleich breite, abwechselnd rote und schwarze Felder geteilt ist, so scheint es in der Tat gleich möglich, daß die Kugel auf einem roten oder einem schwarzen Felde liegen bleibt, aber doch wieder nur aus dem Grunde, weil wir nicht einsehen können, warum sie eher auf einem schwarzen als auf einem roten Felde liegen bleiben solle, wenn die Breite der Felder gegen den Weg, den die Kugel zurücklegt, sehr groß ist. Ist das aber nicht der Fall, folgt vielmehr auf ein sehr breites schwarzes Feld ein ebenso breites rotes, so können wir, wenn die Kugel nur mit schwacher Kraft gestoßen wird, nicht mehr annehmen, daß sie ebenso leicht auf dem ferneren roten wie auf dem näheren schwarzen Felde liegen bleiben wird.

Um diesen Schwierigkeiten zu entgehen, hat schon F. A. Lange in seinen Logischen Studien den Weg gewiesen, die Scheidung der gleich möglichen Fälle nur als eine logische Disjunktion anzusehen. Im logischen Sinne, d. h. als getreues Bekenntnis unseres geistigen Zustandes, kann die Bestimmung der gleich möglichen Fälle als solcher Fälle, von denen wir keinen eher als den anderen annehmen können, auf jeden Fall bestehen bleiben. Es ist nur meines Erachtens zu sehr betont worden, daß hierin wesentlich das Bekenntnis eines Nichtwissens liegt. In einem neueren Werke (S. Lourié, Die Prinzipien der Wahrscheinlichkeitsrechnung, Tübingen 1910) wird die Wahrscheinlichkeitsrechnung geradezu als die Methodisierung des Nichtwissens behandelt. Wenn wir die negative Redewendung gebrauchen, daß wir keinen Grund haben, einen Fall für wahrscheinlicher zu halten als den anderen, so bedeutet das doch eine bestimmte Summe positiver Kenntnisse von der Natur des Vorganges, wie wir sie bei den Glücksspielen, den Lotterieziehungen und anderen Ereignissen mehr haben. Die Lotterieziehungen haben eine bestimmte Technik, die es verhindert, die Ziehung eines Loses als wahrscheinlicher erscheinen zu lassen wie die eines anderen. Die Einrichtung der Roulette, die Art des Würfelns, die Vorsichtsmaßregeln beim Ziehenlassen einer Karte, alles das sind bestimmte technische Momente, die gewissen Erfahrungen und einer Einsicht in die innere Natur der Vorgänge ihren Ursprung verdanken. Es lassen sich nur die einzelnen Bestandteile dieser Erfahrungen und Erkenntnisse schwer in Worte fassen, sie werden meist mehr gefühlsmäßig hingenommen.

Die eigentliche Schwierigkeit ist in der Darstellung, die F. A. Lange gegeben hat, in eigentümlicher Weise verhüllt. Im Grunde nähert sich seine Auffassung stark der statistischen Methode. Er benutzt eine Art graphischer Darstellung, indem er den gesamten Umfang des Begriffes durch ein Rechteck und die Disjunktion durch eine Teilung dieses Rechteckes in kongruente Teile darstellt. Diese Einteilung soll so verstanden werden, „daß die verschiedene Ausdehnung der Felder die Bedeutung hat, daß der Umfang der untergeordneten Begriffe im Verhältnis dieser

Ausdehnung verschieden ist oder, was dasselbe sagen will, daß die Häufigkeit, mit welcher man einen Fall der einen Klasse erwarten darf, sich zu derjenigen einer anderen Klasse verhält wie die Ausdehnung der betreffenden Felder". Die Schwierigkeit ist in dem Ausdruck „erwarten darf" versteckt. Was heißt dürfen? Aus inneren Gründen oder nach den äußeren Ergebnissen? Zu vermuten ist, daß beides zugleich gemeint sein soll, in dem Sinne, daß die aus inneren Gründen erwartete relative Häufigkeit sich auch wirklich einstellen wird, und daß andererseits die einmal beobachtete relative Häufigkeit sich immer wiederfinden wird. Darin liegt aber schon alles, was überhaupt erörtert werden soll. Es scheint klar, daß hiernach nicht das disjunktive Urteil in seiner Allgemeinheit, sondern nur in den besonderen Fällen, wo eine quantitative Wertung der Disjunktionsglieder möglich ist, gemeint sein soll. Dem widerspricht aber, daß Lange als Beispiel ein Urteil wie „Ein Mensch kann entweder Europäer oder Asiate oder Afrikaner oder Amerikaner oder Australier sein" anführt. Er will hieran erklären, daß eine weitergehende Disjunktion die ursprüngliche nicht aufhebt, sondern nur ergänzt, indem die durch die erste Disjunktion geschaffenen Spielräume nur noch weiter eingeteilt werden. Wie soll aber in einem solchen Falle der Umfang der einzelnen Spielräume bemessen werden? Dieser Fall hat doch mit der quantitativen Wertung der Wahrscheinlichkeitsrechnung nicht das mindeste zu tun. Es müßte denn die Bemessung der Möglichkeiten nach den Einwohnerzahlen der verschiedenen Erdteile getroffen werden, aber es ist offenbar sinnlos, zu schließen, wenn ich einen unbekannten Menschen treffe, sei die Wahrscheinlichkeit, daß er aus Asien stamme, ungefähr $\frac{1}{2}$, weil die Einwohnerzahl Asiens ungefähr die Hälfte von der Einwohnerzahl der Erde ausmache.

Das meint Lange offenbar auch nicht, im Gegenteil scheint in den Worten, die er bei dem Beispiel des Würfels gebraucht, „der Umfang komme durch eine Zeitfolge zustande, welche als räumliche Ausdehnung angeschaut wird“, zu liegen, daß er sich wesentlich auf das Gesetz der großen Zahlen stützen will. Die Annahme, daß der Umfang für die sechs Seiten des Würfels gleich sei, habe nur als eine vorläufige zu gelten, die durch die spätere Beobachtung entsprechend zu korrigieren sei.

Entschiedener als Lange hat Stumpf in den Sitzungsberichten der historischen Klasse der Münchener Akademie (1892, S. 37 ff.) den subjektiven Charakter des Wahrscheinlichkeitsbegriffes betont. Seine Auffassung findet sich in Sigwarts Logik (4. Aufl., II. Bd., S. 317 ff.) wieder. Es werden hier die Glieder der Disjunktion insofern gleichwertig genannt, „als sie für unsere Kenntnis gleiche Spezialisierungen eines Allgemeinen oder gleiche Teile seines Gesamtumfanges darstellen“. Damit ist im Grunde doch wieder alles hereingenommen, was der Begründung der Wahrscheinlichkeit auch in der klassischen Theorie zugrunde gelegt wurde. Dem entspricht es durchaus, wenn Sigwart weiter sagt: „Das Recht, die Methoden der Wahrscheinlichkeitsrechnung anzuwenden, ist nicht auf die Fälle beschränkt, in denen wir befugt sind, Voraussetzungen über eine gleichmäßige Variabilität der Ursachen zu machen und zu glauben, daß bei zahlreichen Wiederholungen alle Disjunktionsglieder sich in gleichem Verhältnis verwirklichen werden; es gilt überall, wo eine Disjunktion mit gleichwertigen Gliedern feststeht und wir keinen Grund haben, das eine eher als das andere anzunehmen.“ Es ist zu bedauern, daß in diesen Darstellungen die wirkliche Anwendung der Wahrscheinlichkeitsrechnung nie berücksichtigt, sondern immer nur mit allgemein begrifflichen Festsetzungen operiert wird.

Dadurch tritt nie klar hervor, wie weit denn die tatsächliche Anwendbarkeit der entwickelten Begriffe geht. Die Wahrscheinlichkeit, daß ein vorliegender chemisch einfacher Körper Eisen ist, gleich $1/n$ zu setzen, wenn n die Anzahl der Elemente ist, ist eine leere Spielerei. Das Auftreten verschiedener Elemente kann nie als gleich wahrscheinlich angesehen werden, schon weil es sehr verbreitete Elemente und sehr seltene Elemente gibt. Die Schwierigkeit liegt eben darin, daß fast immer wirklich ein Grund vorliegt, eher das eine als das andere anzunehmen, und daß es dann gilt, die Verschiedenheit der Erwartung richtig zu bewerten. Wenn wir wissen, daß eine Knabengeburt eher als eine Mädchengeburt zu erwarten ist, so sollen wir das Verhältnis dieser Erwartungen zahlmäßig bestimmen. Durch die Zurückführung auf das Schema der gleichmöglichen Fälle ist das nicht zu erreichen. Wie sollen wir es dann tun? Es gibt nur einen Weg, und das ist die statistische Methode. Der Einwand Sigwarts, daß wir die zu berechnende Wahrscheinlichkeit so nicht genau finden, ist nicht stichhaltig. Ist es denn als eine absolut genaue Bestimmung anzusehen, wenn wir beim Würfelspiel die Wahrscheinlichkeiten für die einzelnen Augenzahlen gleich $\frac{1}{6}$ setzen, weil wir keinen Grund einsehen, sie für verschieden zu halten? Wir müssen die Unsicherheit unserer Annahme doch irgendwie in Rechnung ziehen und müssen danach die angesetzten Zahlen verschieden werten, auch wenn wir davon ausgehen, daß die Wahrscheinlichkeit nur eine subjektive Bedeutung hat. Dies läßt sich nur erreichen, indem wir sagen, wir müssen bei der Bestimmung der Zahlen ihnen einen bestimmten Spielraum geben, der unserer Unsicherheit entspricht. Ob wir beim Würfeln die Wahrscheinlichkeit des einzelnen Wurfes gleich $\frac{1}{6}$ oder nur wenig davon verschieden, vielleicht gleich $0,17$ ansetzen, wird bei der Unsicherheit der Bestimmung ohne Bedeutung sein.

Welche Bedeutung überhaupt die Feststellung der Wahrscheinlichkeit als das Maß der subjektiven Erwartung haben soll, scheint mir schwer einzusehen. Eine solche Bedeutung würde vorhanden sein, wenn es in allen oder wenigstens in vielen Fällen gelänge, das Maß der subjektiven Erwartung zahlenmäßig zu werten. Das ist aber offenbar nicht der Fall. Furcht und Hoffnung kleidet sich für uns nicht in die Form einer bestimmten zahlenmäßigen Festsetzung, es bleiben die einzelnen Momente, die das Für und Wider ausmachen, bestehen, ohne daß sie als ein Beitrag zu einem zahlenmäßigen Endresultat formuliert werden können. Es sind nur die Glücksspiele, wo eine solche zahlenmäßige Festsetzung erreicht wird, und zwar eben dadurch, daß die Vorgänge des Spieles künstlich, in bestimmter Weise geregelt werden. Aber auch hier ist das Ursprüngliche nicht die Bildung der Erwartung bei dem einzelnen Mitspielenden, sondern die Festlegung der Einsätze nach bestimmten Prinzipien. Tatsächlich bestimmt der Spieler fast immer seine Erwartung anders, als der Bankhalter den Einsatz regelt. Auch hier treiben Furcht und Hoffnung ihr trügerisches Spiel. Die Festlegung der Wahrscheinlichkeit als einer quantitativ gewerteten subjektiven Erwartung kann daher jedenfalls eine praktische Bedeutung nie haben. Wenn man also betont, daß die Wahrscheinlichkeit als das Maß unserer Erwartung ihrem Wesen nach subjektiver Natur ist, so ist es am besten, diesen Begriff ganz aufzugeben, wo es sich um rein objektive Feststellungen handelt, und ihn durch die Tatsache einer gleichbleibenden relativen Häufigkeit zu ersetzen, wobei dieser Begriff allerdings als eine Art Grenzwert erscheint, also durch die Wirklichkeit nur angenähert, aber nie vollkommen erreicht wird, weil sich, wie man annimmt, der exakte Wert erst bei einer unendlichen Häufung der Fälle herausstellen würde.

Diesen Weg ist in der Praxis z. B. die Lebensversicherungstechnik gegangen. Die Prämien und Reserven erscheinen nicht als auf bestimmten mathematischen Wahrscheinlichkeiten begründet, sondern sie beruhen nur auf den in einer Sterbetafel zusammengefaßten statistischen Beobachtungen und auf der Annahme, daß diese „rechnungsmäßige Sterblichkeit" auch bei den neuen Versicherten ihre Geltung behalten werden. Es wird also das Gesetz der großen Zahlen in der einfachen Form als eine in der Wirklichkeit anzunehmende Regelmäßigkeit vorausgesetzt. Allerdings bleibt es die Aufgabe der praktischen Handhabung des Lebensversicherungsgeschäftes, durch geeignete Auswahl des Versichertenmaterials dafür zu sorgen, daß die rechnungsmäßige Sterblichkeit nicht überschritten wird.

Aus diesen Gründen wollen wir es vorziehen, die statistische Methode so rein wie möglich zur Geltung zu bringen. Der Schluß auf den einzelnen noch unentschiedenen Fall, durch den der Wahrscheinlichkeitsbegriff hineinspielen müßte, interessiert uns nicht. Was wir wollen, ist vielmehr, aus den statistischen Ergebnissen die Erscheinungsformen herauszuschälen, die als die Offenbarung des Zufälligen zu gelten haben, und dadurch über den Charakter des Zufälligen einen gewissen Aufschluß zu erhalten [1]).

[1]) Die rein empirische Auffassung des Wahrscheinlichkeitsbegriffes als eine bestimmte relative Häufigkeit oder den Grenzwert einer solchen hat sich in der neueren Zeit mehr und mehr durchgesetzt. Vgl. z. B. Bruns, Wahrscheinlichkeitsrechnung und Kollektivmaßlehre, Leipzig 1906. Nur die Franzosen halten an der Begriffsbestimmung der klassischen Wahrscheinlichkeitsrechnung mit Zähigkeit fest. Dies gilt auch für die neuesten Veröffentlichungen, unter denen ich hier nur zwei nennen will: E. Borel, Le

Die Wahrscheinlichkeitsrechnung hat den Weg von dem Wahrscheinlichkeitsbegriff zu den statistischen Ergebnissen durch einen Satz gefunden, der als das Bernoullische Theorem bezeichnet wird. Um dieses Theorem zu erläutern, ist es zweckmäßig, von einem bestimmten Schema des Glücksspieles auszugehen. Man denkt sich in einer Urne schwarze und weiße Kugeln in einem bestimmten Verhältnis gemischt. Das Spiel besteht nun darin, daß immer eine Kugel aus der Urne gezogen, ihre Farbe festgestellt und sie dann wieder zurückgelegt wird. Das Bernoullische Theorem soll dann aussagen, daß, wenn die Ziehung häufig genug wiederholt wird, die Anzahl der gezogenen weißen zu der Anzahl der schwarzen Kugeln in annähernd demselben Verhältnis steht, wie die Anzahl der in der Urne enthaltenen weißen zu der Anzahl der in der Urne enthaltenen schwarzen Kugeln, d. h. daß das Ziehungsverhältnis das Mischungsverhältnis annähernd wiedergibt, wenn die Anzahl der Ziehungen groß genug ist. Daraus würde wirklich folgen, daß bei einer neuen Serie von sehr viel Ziehungen aus derselben Urne sich auch wieder annähernd dasselbe Ziehungsverhältnis ergeben muß, d. h. es würde für die Ziehungen aus einer Urne die annähernde Konstanz des Verhältnisses, die in dem Gesetze der großen Zahlen ausgesprochen wird, sich theoretisch begründen lassen. Aber bei näherem Zusehen ergeben sich doch gewichtige Bedenken. Zunächst bedeutet die Annahme des Bestehens einer bestimmten Wahrscheinlichkeit für das Ziehen einer weißen Kugel nur eine wohl plausible, aber keineswegs

---

Hasard (Nouvelle collection scientifique, Paris, Alcan, 1914), eine gemeinverständliche Darstellung ohne Formeln, und E. Carvallo, Le calcul des probabilités et ses applications (Paris, Gauthier-Villars, 1912) mit elementaren mathematischen Entwickelungen.

evidente Voraussetzung. Wenn die Annahme einer bestimmten Wahrscheinlichkeit nur das Maß unserer Erwartung gibt und nur subjektive Bedeutung hat, wie kann dann hieraus eine objektive empirisch festzustellende Tatsache gefolgert werden? Wie ist dieser Widerspruch zu erklären? Es zeigt sich, daß in Wirklichkeit gar nicht diese Tatsache direkt gefolgert wird, sondern es ergibt sich nur eine sehr große Wahrscheinlichkeit dafür, daß bei einer großen Anzahl von Ziehungen das Ziehungsverhältnis annähernd mit dem Mischungsverhältnis zusammenfällt. Der Schluß ist dann einfach der, daß, wenn für einen Erfolg eine sehr große, d. h. der Einheit nahezu gleiche Wahrscheinlichkeit besteht, dieser Erfolg als gewiß und bei jedem wirklichen Versuch als tatsächlich anzusehen ist. Dadurch wird aber die Kluft zwischen der subjektiven Wertung, die in dem Ansatz der Wahrscheinlichkeit liegt, und der Feststellung einer empirischen Tatsache nur verhüllt, aber nicht überbrückt. Die theoretische Begründung, die erstrebt wurde, wird nicht geliefert, es wird nur die Darstellung so gewendet, daß wir über die Schwierigkeit des Überganges von den Bedingungen des Ereignisses zu seinem wirklichen Ausgang ahnungslos hinweggleiten. Es wird z. B. auf keine Weise logisch widerlegt, daß man aus einer Urne, die nur eine einzige weiße Kugel enthält, fortwährend diese weiße Kugel ziehen kann. Gerade dafür, daß ein Ereignis, dessen mathematische Wahrscheinlichkeit wir sehr nahe gleich 1 gefunden haben, auch so gut wie immer eintritt, brauchen wir eine empirische Bestätigung. Darin liegt eine erneute Mahnung, nicht den Begriff der subjektiven Wahrscheinlichkeit, sondern nur die Bedeutung einer wenigstens näherungsweise gleichbleibenden relativen Häufigkeit der Betrachtung zugrunde zu legen.

Daß die Zählung des Vorkommens in einer großen Anzahl

von beobachteten Fällen die einzig sichere Art ist, zu beurteilen, ob verschiedene Fälle wirklich gleich möglich sind, kann man an dem Beispiel des Würfelns erkennen. Wenn wir von vornherein annehmen, daß mit einem Würfel jeder Wurf gleich wahrscheinlich ist, so ist das zunächst eine unbewiesene und unbestätigte Annahme, für die wir noch, wenn es sich um eine exakte Bestimmung handeln soll und nicht bloß um einen ungefähren Ansatz, wie er bei Glücksspielen allein verlangt wird, eine Kontrolle durch die Erfahrung finden müssen. Diese Kontrolle kann nur darin bestehen, daß man mit dem Würfel eine große Anzahl von Würfen ausführt und aufzeichnet, wie oft dabei die einzelnen Augenzahlen fallen. Eine wie große Abweichung von der ursprünglichen Annahme sich hierbei ergeben kann, zeigen die Versuche von R. Wolf (Versuche zur Vergleichung der Erfahrungswahrscheinlichkeit mit der mathematischen Wahrscheinlichkeit, Mitteilungen der naturforschenden Gesellschaft in Bern 1849 bis 1851, 1853), der bei 20 000 Würfen statt des Wertes 0,167 für die relative Häufigkeit des Auftretens der einzelnen Augenzahlen die folgenden Werte fand:

1	2	3	4	5	6
0,170	0,186	0,159	0,146	0,172	0,171

Danach betragen die bei dem ursprünglichen Ansatz gemachten Fehler der Reihe nach rund

$$+2 \qquad +13 \qquad -5 \qquad -14 \qquad +3 \qquad +2 \text{ Proz.}$$

Es bedeutet also der Ansatz der gleich möglichen Fälle immer eine mehr oder minder unbestimmte Vermutung, die noch der Bestätigung bedarf, und da diese Bestätigung durch das „Gesetz der großen Zahlen“ geliefert wird, wird dieses Gesetz durch die Wahrscheinlichkeitsrechnung nicht begründet, sondern muß ihr vielmehr als eine unabhängige Tatsache zugrunde gelegt werden.

Sechstes Kapitel.

Die mathematische Analyse stationärer Reihen.

Bis hierher haben wir uns allen mathematischen Rechnungen ferngehalten und nur die begriffliche Klärung angestrebt. Jetzt aber wollen wir gerade die Hilfsmittel der mathematischen Analyse heranziehen, um zu quantitativen Bestimmungen zu gelangen, die einen sicheren Anhaltspunkt für die Beurteilung des Charakters der zufälligen Ereignisse liefern. Die quantitative Bestimmung bedeutet immer mit Notwendigkeit eine Beschränkung in der Betrachtung der qualitativen Besonderheit. Jedes Beispiel aus der Physik kann das klarmachen. Der Vorgang des freien Falles bietet der Beobachtung eine große Mannigfaltigkeit qualitativer Bestimmungen. Es ist, rein menschlich betrachtet, etwas ganz anderes, ob ein Hagelkorn vom Himmel auf die Erde, ein Blumentopf aus dem Fenster auf die Straße herunterfällt, oder ob ein Dachdecker vom Dach stürzt und sich das Genick bricht. Die Physik aber vereinigt alle diese Vorgänge unter einem Gesichtspunkte, und in der Nichtberücksichtigung ihrer besonderen Bedeutung im menschlichen Leben liegt das, was man wohl als die Unerbittlichkeit oder die Blindheit der Naturgesetze bezeichnet. Bei der Analyse, die wir hier beginnen, treten diese Eigentümlichkeiten noch stärker hervor, eben weil das Interesse an der qualitativen Besonderheit in den meisten Fällen besonders groß ist, so daß es uns widerstrebt, von dieser ganzen Besonderheit abzusehen und rein äußerlich die statistischen

Ergebnisse zu betrachten. Es tritt hier noch augenfälliger zutage, wie verschiedenartig im Grunde die gemeinsam behandelten Vorgänge sind, und es kann sinnlos erscheinen, sie nach einer rein äußerlich hervortretenden quantitativen Gemeinsamkeit zu vereinigen. Und doch ist hierin die Bedingung für einen wirklichen Fortschritt enthalten.

Wir sehen also bei der folgenden Untersuchung davon ab, wie die Zahlenreihen, die wir vor uns haben, entstanden sind, und welche besonderen Vorgänge in ihnen ihren Ausdruck finden. Wir nehmen dabei an, daß die vorgelegte Zahlenreihe eine stationäre sei. Wir können jede solche stationäre Reihe auf einen besonderen Fall zurückführen, wo die Werte der Reihe teils positiv, teils negativ sind, sich also um den Wert 0 gruppieren. Wir erreichen dies, indem wir von den Werten der vorgelegten Reihe einen und denselben bestimmten Wert, den Durchschnittswert der Reihe, abziehen. Dann wird in der neuen stationären Reihe die Summe aller positiven Werte ebenso groß wie die Summe aller negativen Werte. Wir wollen gleich bemerken, daß wir auch aus anderen als stationären Zahlenreihen eine solche, sich um den Wert 0 gruppierende stationäre Reihe ableiten können, indem wir von den Werten der Reihe nun nicht mehr einen und denselben Zahlenwert, sondern die durch eine bestimmte Näherungsfunktion gegebenen Werte abziehen, möge diese Näherungsfunktion nun durch einen analytischen Ausdruck oder graphisch durch eine Kurve gefunden werden.

Die so abgeleiteten stationären Reihen, die sich um den Wert 0 gruppieren, liefern nun aber sofort eine Verteilungsreihe. Das zweite wird also die besondere Behandlung der Verteilungsreihen sein. Für diese lassen sich zunächst allgemeine Begriffsbestimmungen treffen, durch die man eine Handhabe zur

Beurteilung der vorliegenden Verteilungsreihe gewinnt. Es zeigt sich aber bald, daß solche allgemeinen Begriffsbestimmungen allein nicht ausreichen. Vielmehr erweist es sich als nötig, bestimmte Typen von Verteilungsreihen herauszugreifen, und die Frage wird sein, wie man zu solchen Typen gelangt. Hierzu verhilft die sogenannte Wahrscheinlichkeitsrechnung, d. h. die Betrachtung bestimmter typischer Vorgänge, die einer besonderen mathematischen Analyse fähig sind. Alle diese Vorgänge lassen sich schließlich zurückführen auf den einen Vorgang der Ziehung von einer oder mehreren Kugeln aus einer Urne, in der Kugeln von verschiedener Farbe gemischt enthalten sind. Mit den aus diesem Urnenschema abgeleiteten typischen Verteilungsreihen werden dann die irgendwie entstandenen Verteilungsreihen verglichen.

Unter den Typen von Verteilungsreihen, zu denen das Urnenschema führt, ragen gewisse hervor, die wir als typische Zufallsreihen ansehen. Ereignisse, die bei der statistischen Zusammenstellung der Resultate vieler Einzelfälle den Typus einer solchen Zufallsreihe zeigen, sehen wir als zufällige an. Es ist zu wiederholen, daß wir dadurch im Grunde keine Aussage über die qualitative Eigentümlichkeit der betreffenden Ereignisse machen. Eigentlich handelt es sich gar nicht um eine Eigenschaft des einzelnen Ereignisses, sondern nur um eine Eigenschaft der statistischen Gesamtheit. Aber es zeigt sich doch, daß diese Festlegung des Zufälligen die sicherste und gewisseste ist, die wir finden können, ohne die Grenzen des durch die Erfahrung Erreichbaren zu überschreiten. Wir müssen noch allgemein bemerken, daß wir den Typus einer vorgelegten Verteilungsreihe nur dadurch erkennen, daß wir versuchen, die empirisch festgestellten Werte durch die Werte der einer typischen Verteilungsreihe entsprechenden Funktion zu approximieren. Die dabei sich notwendigerweise ergebenden Abweichungen können wir aufs neue derart analysieren, daß wir aus ihnen wieder eine Verteilungsreihe ableiten. So würde sich an die ursprüngliche Analyse noch eine weitergehende anreihen. Diese weitere Durchführung der Analyse ist aber meistens unerreichbar. Die bei dem Vergleich der vorgelegten Reihe mit der typischen Verteilungsfunktion herauskommenden Abweichungen sind nämlich verhältnismäßig klein, und die Gruppen, die wir aus ihnen bei der Bildung der neuen Verteilungsreihe ableiten können, sind entweder sehr wenig zahlreich oder enthalten jede sehr wenig Glieder. Beides aber macht eine genaue Analyse unmöglich und wir werden auf eine solche fast immer verzichten müssen.

Wir wollen nun an die Ausführung der Arbeit im einzelnen gehen und zunächst die mathematischen Definitionen und Formeln erörtern, die sich unmittelbar an eine vorgelegte stationäre Zahlenreihe anknüpfen. Das erste wird sein, daß wir ein bestimmtes Maß für die Schwankungen der Werte innerhalb der stationären Reihe suchen. Wir bezeichnen die aufgezeichneten Werte der Reihe mit

$$y_1,\ y_2,\ y_3,\ \ldots,\ y_n;$$

das Maß für die Schwankungen soll dann gegeben sein durch den Ausdruck

$$M = \frac{2}{n(n-1)} \sum_{i,k} (y_i - y_k)^2, \tag{1}$$

in dem sich die Summe auf die $\frac{n(n-1)}{2}$ Wertepaare i, k bezieht, die sich aus den Zahlen 1 bis n bilden lassen. Der Ausdruck faßt alle Unterschiede zusammen, die überhaupt in der Zahlenreihe vorkommen; er ist ferner unabhängig davon, in welcher Reihenfolge die aufgezeichneten Werte genommen werden, ebenso von den Vorzeichen der vorkommenden Differenzen, und wächst mit deren absoluten Werten.

Aus dem Wert M läßt sich ein anderer noch anschaulicherer Wert ableiten: es ist dies die mittlere Abweichung m, die gegeben wird durch die Gleichung

$$m = \sqrt{M}. \tag{2}$$

Es ist nämlich $\frac{n(n-1)}{2}$ die Anzahl der Glieder in der Summe $\sum(y_i - y_k)^2$, und dividieren wir die Summe durch die Anzahl ihrer Glieder, so erhalten wir den mittleren Wert des einzelnen Gliedes. Da dieser Wert sich aber auf die Quadrate der Abweichungen bezieht, müssen wir noch die Wurzel ausziehen und finden so für die mittlere Abweichung

$$m = \sqrt{\frac{2\sum(y_i - y_k)^2}{n(n-1)}}, \tag{2a}$$

d. h. den obenstehenden Wert.

Wir formen nun den Ausdruck M derart um, daß die doppelte Summation, die er bedingt, durch eine einfache Summation ersetzt wird. Dies gelingt, indem wir den Durchschnittswert (das arithmetische Mittel)

$$y_0 = \frac{y_1 + y_2 + \cdots + y_n}{n} \tag{3}$$

einführen. Dann ergibt sich nämlich aus (1):

$$(n-1)M = \sum_i (y_i - y_0)^2 + \sum_k (y_k - y_0)^2 - \frac{2}{n} \sum_i (y_i - y_0) \sum_k (y_k - y_0)$$

und, da $\sum (y_i - y_0) = 0$ und ebenso $\sum (y_k - y_0) = 0$,

$$\frac{n-1}{2} \cdot M = \sum_i (y_i - y_0)^2, \tag{4}$$

und daraus

$$\sqrt{\frac{n-1}{n}} m = \sqrt{2}\mu,$$

wenn wir noch $\mu = \sqrt{\frac{\sum (y_i - y_0)^2}{n}}$ einführen.

Diese Darstellung empfängt noch eine neue Beleuchtung, wenn man statt eines Maßes für die Abweichung der aufgezeichneten Werte voneinander ein Maß für die Abweichung von einem beliebig gegebenen Werte y einführt. Als solches Maß kann der Ausdruck

$$M(y) = \frac{1}{n} \sum_k (y_k - y)^2 \tag{5}$$

gelten. Man findet hieraus die früher eingeführte Zahl M, indem man den Ausdruck bildet

$$M(y) = \frac{1}{n-1} \sum_i M(y_i). \tag{6}$$

Es liegt nun nahe, nach dem Werte y zu fragen, für den das Maß der Abweichung von der aufgezeichneten Wertereihe möglichst klein wird. Dieser Wert bestimmt sich daraus, daß man allgemein

$$M(y) = \frac{1}{n}\sum_k (y_k - y_0)^2 + (y - y_0)^2 - 2(y - y_0)\frac{1}{n}\sum_k (y_k - y_0)$$

setzen kann. Nimmt man daher an, daß

$$\sum (y_k - y_0) = 0$$

wird, also für y_0 den Wert

$$y_0 = \frac{y_1 + y_2 + \cdots + y_n}{n},$$

so wird

$$M(y) = M(y_0) + (y - y_0)^2, \tag{7}$$

und daraus erkennt man, daß das Maß der Abweichung am kleinsten wird für y_0 selbst, denn für jeden anderen Wert y kommt zu $M(y_0)$ noch der positive Betrag $(y - y_0)^2$ hinzu. $M(y_0)$ stimmt aber mit dem Werte von μ^2 überein.

Als die mittlere Abweichung der Zahlenreihe von einem beliebigen Werte y wollen wir den Ausdruck bezeichnen

$$\mu(y) = \sqrt{M(y)} = \sqrt{\frac{\sum (y_i - y)^2}{n}}. \tag{8}$$

Bilden wir diesen Ausdruck für den Mittelwert y_0, so erhalten wir den früheren Ausdruck μ, den wir als die mittlere Ausweichung oder Streuung der vorgelegten Reihe bezeichnen wollen.

Wir können aus der Begriffsbestimmung des arithmetischen Mittels auch eine Regel für die Beurteilung ableiten, ob eine vorgelegte Reihe als stationär zu gelten hat. Wir müssen dann die Werte gruppenweise zusammenfassen, etwa zunächst zu 10, und für jede Gruppe den Mittelwert y_0 bestimmen. Dann müssen wir weiter die aufgezeichneten Werte zu größeren Gruppen, etwa zu 100, zusammenfassen und wieder von jeder Gruppe den Mittelwert bilden. Es gehört nun zu den Eigenschaften des arithmetischen Mittels, daß sich derselbe Wert ergibt, ob man erst aus Gruppen von gleich viel Werten das Mittel und dann von diesen Mitteln wieder das Mittel bestimmt, oder ob man unmittelbar von den gegebenen Werten selbst das Mittel nimmt. In der Tat wird z. B., wenn die Reihe nur sechs Glieder hat,

$$\begin{aligned} y_0 &= \frac{1}{6}(y_1 + y_2 + y_3 + y_4 + y_5 + y_6) \\ &= \frac{1}{3}\left(\frac{y_1 + y_2}{2} + \frac{y_3 + y_4}{2} + \frac{y_5 + y_6}{2}\right). \end{aligned}$$

Wir finden also jetzt mehrere Reihen, die aus immer weniger Werten bestehen und die sich alle um denselben Mittelwert gruppieren. Es läßt sich nun zeigen, daß die mittlere Abweichung der neuen Reihen vom Durchschnittswert immer kleiner ist als für die ursprüngliche Reihe.

Denken wir uns nämlich eine Reihe, die aus $n = \varrho\nu$ Werten besteht, in ν Gruppen von je ϱ Werten zerlegt und die Durchschnittswerte

$$Y_1,\ Y_2,\ Y_3,\ \ldots,\ Y_\nu$$

jeder Gruppe gebildet, so wird die mittlere Abweichung der Gesamtreihe von dem Durchschnittswert gefunden, indem man die mittleren Abweichungen der einzelnen Gruppen von diesem Mittelwert bildet und daraus wieder das Mittel nimmt. Wenn wir nun aber die mittlere Ausweichung der $i$ten Gruppe mit μ_i bezeichnen, so ergibt sich für das Quadrat ihrer mittleren Ausweichung von dem Mittel y_0 aller Werte

$$(Y_i - y_0)^2 + \mu_i^2$$

und daraus die einfache Formel

$$\mu^2 = \frac{1}{\nu} \sum (Y_i - y_0)^2 + \frac{1}{\nu} \sum \mu_i^2 = \mu_0^2 + \frac{1}{\nu} \sum \mu_i^2,$$

wenn wir $\mu_0^2 = \frac{1}{\nu} \sum (Y_i - y_0)^2$ setzen.

Diese Formel zeigt in der Tat, wie die mittlere Ausweichung mit der Gruppenbildung abnimmt, denn die mittlere Ausweichung für die Mittelwerte Y_i der Gruppen wird ja

$$\mu_0 = \sqrt{\mu^2 - \frac{1}{\nu} \sum \mu_i^2} \tag{9}$$

und ist sonach notwendigerweise kleiner als die ursprüngliche mittlere Ausweichung μ.

Wir haben hier die Bildung des arithmetischen Mittels auf stationäre Zahlenreihen beschränkt. In Wirklichkeit findet sie in viel weiterem Umfange statt. Es werden Durchschnittswerte für die verschiedenartigsten Größenfolgen angegeben, um zu einem zusammenfassenden Ausdruck der ganzen Zahlenfolge zu gelangen. Vor allen Dingen werden die Durchschnittswerte ohne Rücksicht darauf gegeben, wie stark die einzelnen Zahlen, von denen der Durchschnitt genommen ist, voneinander abweichen.

So handelt es sich z. B., wenn das durchschnittliche Vermögen eines Deutschen berechnet wird, um die verschiedensten Summen, von denen der Durchschnitt genommen wird, ja auf die größere Anzahl der Personen entfällt der Betrag 0, und von da an steigt der Wert bis zu Hunderten von Millionen hinauf. Hat es unter solchen Umständen nun einen Sinn, den Durchschnittswert zu bilden? Seine Bedeutung ist zunächst nur die, daß er einen Quotienten darstellt, nämlich den Quotienten der Summe aller Werte der Zahlenfolge und der Anzahl dieser Werte. Was man aus diesem Wert herauslesen will, bleibt noch der Willkür überlassen.

Nach dem, was wir gefunden haben, hat es nun keinen Zweck, den Mittelwert da zu bilden, wo eine deutlich erkennbare Entwickelung in der Zahlenfolge zu finden ist. Zum Beispiel ist es sinnlos, von der mittleren Bevölkerung des deutschen Reichsgebietes während der letzten 100 Jahre zu sprechen, weil in diesen 100 Jahren eine deutlich erkennbare Entwickelung, nämlich eine stetige Zunahme der Bevölkerung, stattgefunden hat. Die Verteilung der Vermögen unter den einzelnen Einwohnern ist dagegen eine solche, daß, wenn wir die Einwohner nach einer gewissen Reihenfolge ihrer Wohnstätten in eine Liste eintragen und die dazugehörigen Vermögen daneben schreiben, in dieser Zahlenfolge keine bestimmte Entwickelung erkennbar ist. Die Bildung der Durchschnittswerte ist daher gestattet, wie weit auch die einzelnen Werte voneinander abweichen. Die Reihe kann trotzdem als eine stationäre gelten, weil die absolute Größe der Abweichungen bei dieser Begriffsbestimmung gar keine Rolle spielt. Im vorliegenden Falle wird allerdings die Gruppierung der Werte um den Durchschnittswert eine stark unsymmetrische sein, weil der Durchschnittswert (etwa 7000 ℳ) sehr viel näher an der unteren als an der oberen Grenze liegt.

Wir gehen nun zur Betrachtung der Verteilungsreihen über. Die Verteilungsreihen waren, wie wir sahen, sozusagen sekundäre Tabellen, die aus einer ursprünglichen Tabelle dadurch abgeleitet wurden, daß man die Tabellenwerte der Größe nach ordnete und angab, wieviel Tabellenwerte zwischen bestimmte Grenzen fallen. Wir werden diese Bildung einer sekundären Reihe insbesondere auf die stationären Reihen anzuwenden haben. Wir wollen aber zunächst die Verteilungsreihen allgemeiner betrachten.

Wir nehmen an, daß sich die vorkommenden Werte, welche jetzt den Eingang der Tabelle, in der ursprünglichen Tabelle aber die eingetragenen Werte bilden, über ein bestimmtes Intervall erstrecken. Wenn dieses Intervall nach einer oder nach beiden Seiten unbegrenzt ist, so nehmen wir an, daß die zugehörigen Häufigkeitszahlen schließlich sehr klein werden. Das bedeutet, daß in der ursprünglichen Tabelle nur verhältnismäßig wenig sehr große Werte enthalten sein sollen. Wir können uns praktisch immer ein endliches Intervall abgegrenzt denken (indem wir nötigenfalls die darüber hinausfallenden Werte vernachlässigen), so daß die ganze Verteilungsreihe auf dieses Intervall beschränkt bleibt. Es handelt sich nun zunächst darum, eine Reihe von Begriffen zu entwickeln, welche zur allgemeinen Beurteilung einer vorgelegten Verteilungsreihe dienen können.

Den ersten Begriff, den wir verwenden, entnehmen wir der Betrachtung der stationären Reihen, wie wir sie vorhin angestellt haben. Es ist dies der Begriff des arithmetischen Mittels. Wir finden das arithmetische Mittel, indem wir jeden Wert des Einganges mit dem zugehörigen Tabellenwert multiplizieren und die Summe aller dieser Produkte durch die Summen aller Tabellenwerte teilen. Da der Eingang der Verteilungstabelle Intervalle bedeutet, so müssen wir die Mitte y_ϱ jedes Intervalls nehmen und mit der Anzahl z_ϱ der in das Intervall fallenden Werte der ursprünglichen Tabelle multiplizieren. Wir finden also für das arithmetische Mittel jetzt den Ausdruck

$$y_0 = \frac{\sum y_\varrho z_\varrho}{\sum z_\varrho}. \tag{10}$$

Bei der graphischen Darstellung der Tabelle bedeutet das arithmetische Mittel die Abszisse, die zu dem Schwerpunkt der aus steifem Papier ausgeschnitten gedachten, die Tabelle darstellenden Staffelfigur gehört.

Außer dem arithmetischen Mittel wollen wir auch die mittlere Ausweichung bilden. Wir finden hierfür

$$\mu^2 = \frac{\sum (y_\varrho - y_0)^2 z_\varrho}{\sum z_\varrho}, \tag{11}$$

wofür wir mit Rücksicht auf die Bedeutung von y_0 auch schreiben können

$$\mu^2 = \frac{\sum y_\varrho^2 z_\varrho}{\sum z_\varrho} - y_0^2. \tag{11a}$$

Unter Umständen ziehen wir der Staffelfigur das Bild einer stetigen Kurve vor. Dementsprechend haben wir dann in den obenstehenden Ausdrücken die Summen durch Integrale zu ersetzen und finden, indem z als Funktion von y erscheint,

$$y_0 = \frac{\int yz\,dy}{\int z\,dy}, \qquad \mu^2 = \frac{\int (y - y_0)^2 z\,dy}{\int z\,dy},$$

wobei die Integrale über die ganze Ausdehnung der Verteilungskurve auszudehnen sind, was man gewöhnlich so ausdrücken kann, daß man die Grenzen gleich $-\infty$ und $+\infty$ setzt.

Es gibt nun aber noch eine zweite Art der Mittelbildung, die an sich noch einfacher ist. Man grenzt nämlich das Intervall ab, für das die Summe aller darunterliegenden Häufigkeitszahlen möglichst gleich der Summe aller darüberliegenden Häufigkeitszahlen wird. Wir bezeichnen den so gefundenen Wert der Abszissen als den Zentralwert y_z und die zugehörigen Ordinate als die zentrale Ordinate. Bei der graphischen Darstellung der Tabelle durch eine Staffelfigur bedeutet die zentrale Ordinate einen Schnitt, durch den die ganze Fläche der Figur in zwei gleiche Teile zerlegt wird und analog bei der Darstellung der Verteilung durch eine stetige Kurve.

Wir bestimmen schließlich noch das Intervall, bei dem die Häufigkeitszahl ein Maximum bildet, d. h. größer wird als für die nach beiden Seiten benachbarten Intervalle. Den so ermittelten Wert y_a bezeichnen wir als Normalwert. Es liegt nun auf der Hand, daß sich unter Umständen auch mehrere solche Intervalle finden können. Wir müßten dann von mehreren Normalwerten sprechen, was aber nicht als zweckmäßig erscheint. Vielmehr tritt die eigentliche Bedeutung des Normalwertes erst dann hervor, wenn nur ein Maximum vorhanden ist.

Um ein besonderes Beispiel für die drei verschiedenen Mittelwerte zu haben, wollen wir die Zahlenreihe nehmen, die in einer Sterbetafel vorliegt. Der erste Mittelwert, das arithmetische Mittel oder der Durchschnittswert, wird in diesem Falle die durchschnittliche Lebensdauer. Sie ist für die im

Auszuge auf S. 24 mitgeteilte Sterbetafel

44, 8 Jahre.

Der zweite Mittelwert, der Zentralwert, ist in diesem Falle die wahrscheinliche Lebensdauer, d. h. das Alter, das gerade die Hälfte der Geborenen erreicht. Sie beträgt

55, 6 Jahre.

Der dritte Mittelwert, der Normalwert, ist in diesem Falle das normale Lebensalter, d. h. das Lebensalter, in dem mehr Menschen sterben als in den auf beiden Seiten benachbarten Altersstufen, wo also die Sterbekurve ein Maximum hat. Dieses Alter beträgt

73, 2 Jahre.

Man erkennt deutlich die Verschiedenheit der drei Mittelwerte und sieht, daß die wahrscheinliche Lebensdauer zwischen der durchschnittlichen und der normalen Lebensdauer liegt. Die drei Zahlen zusammen können als die zusammenfassende Charakteristik der Absterbeordnung gelten.

Wir wollen die auf diese Weise abgeleiteten Begriffe sofort benutzen, um eine vorgelegte stationäre Reihe weiter zu analysieren. Das arithmetische Mittel gibt dabei wieder den schon früher betrachteten Durchschnittswert. Dagegen liefert uns der Zentralwert etwas wirklich Neues. Um ihn zu finden, haben wir folgendermaßen zu verfahren. Wir ordnen die aufgezeichneten Werte der Größe nach, hierauf zählen wir, vom niedrigsten Wert anfangend, wenn die Anzahl der aufgezeichneten Werte gerade ist, die Hälfte der Werte ab und notieren den Wert, der in der

Mitte zwischen dem so erreichten Wert und dem nächstfolgenden liegt, oder direkt den aufgezeichneten Wert, der von dem kleinsten und dem größten Wert um gleichviel Glieder entfernt ist, wenn die Anzahl der aufgezeichneten Werte ungerade ist.

Wir können diese Methode weiter fortsetzen, indem wir auch die abgezählten Hälften der aufgezeichneten Werte aufs neue halbieren, und die Werte notieren, zu denen wir so gelangen; unter ihnen oder über ihnen liegt je ein Viertel aller aufgezeichneten Werte. Die Abweichung dieser Werte voneinander können wir auch als Maß für die Streuung der stationären Reihe betrachten. Einzeln können wir die Unterschiede der letzten beiden Werte vom Mittelwert als Maß für die Abweichung der stationären Reihe von dem Mittelwert nach unten und nach oben hin ansehen. Wir erhalten so auch einen Maßstab dafür, in welcher Weise die stationäre Reihe unsymmetrisch ist. Wenn nämlich z. B. der obere Wert erheblich weniger von dem Zentralwert abweicht als der untere Wert, so ist dieses ein Zeichen dafür, daß die Reihe nach unten zu weiter ausgedehnt ist als nach oben zu, daß sie also nach unten zu unsymmetrisch ist.

Wir wollen nun eine Art der Verteilung herausgreifen, die den Typus einer einfachen unsymmetrischen Verteilung darstellt. Sie soll durch folgende Merkmale gekennzeichnet sein: Es ist ein Normalwert vorhanden, von dem aus die Verteilungsfunktion nach beiden Seiten beständig abnimmt, um schließlich in Null überzugehen. Die Asymmetrie der Verteilung soll sich dadurch zu erkennen geben, daß gleiche Werte der Verteilungsfunktion sich für solche Werte des Arguments, der eine y_1 rechts, der andere y_2 links vom Normalwert y_a, ergeben, für die

$$|y_1 - y_a| < |y_a - y_2|$$

ist, und es soll, wenn auch für y_1', y_2' gleiche Werte der Verteilungsfunktion eintreten, auch

$$|y_1' - y_1| < |y_2 - y_2'|$$

werden. Man kann aus dieser Ungleichheit auch ableiten

$$\left|\frac{\Delta\varphi(y_1)}{\Delta y_1}\right| > \left|\frac{\Delta\varphi(y_2)}{\Delta y_2}\right|,$$

indem man $\Delta y_1 = y_1' - y_1$, $\Delta y_2 = y_2' - y_2$ setzt und beachtet, daß dann der Voraussetzung gemäß $\Delta\varphi(y_1) = \Delta\varphi(y_2)$ wird. Aus der letzten Ungleichheit folgt aber, indem wir zur Grenze übergehen,

$$\left|\frac{d\varphi(y_1)}{dy_1}\right| > \left|\frac{d\varphi(y_2)}{dy_2}\right|.$$

Die Kurve, welche die Verteilungsfunktion darstellt, ist also auf der kürzeren Seite vom Normalwert aus überall stärker gegen die Abszissenachse geneigt als an den entsprechenden (gleich hohen) Stellen auf der längeren Seite.

Unter diesen Voraussetzungen können wir eine wichtige Lagenbeziehung zwischen den drei Mittelwerten beweisen. Zunächst ist leicht zu erkennen, daß, wenn die Verteilungskurve vom Normalwerte aus nach rechts hin steiler abfällt, auf der rechten Seite auch die von der Verteilungskurve über der Abszissenachse abgegrenzte Fläche kleiner als auf der linken Seite sein muß. Die zentrale Ordinate, welche die ganze Fläche halbiert, liegt also notwendigerweise auf der linken Seite. Es handelt sich nun darum, die Lage des Durchschnittswertes zu ermitteln. Zu diesem Zweck gehen wir von dem Zentralwert y_z aus. Die zu

Fig. 5.

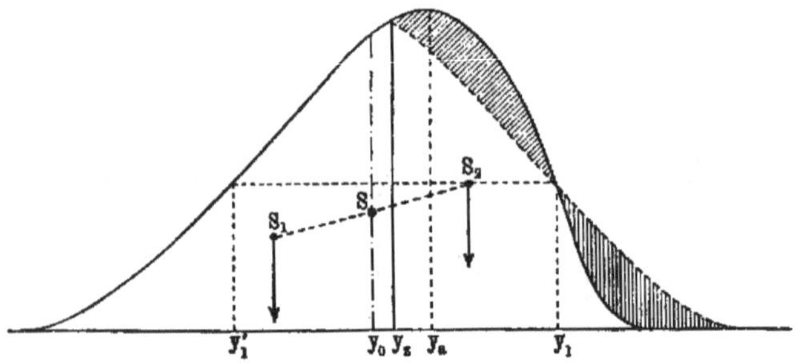

ihm gehörige Ordinate halbiert die ganze von der Verteilungskurve über der Abszissenachse abgegrenzte Fläche. Übertragen wir also den Teil der Kurve links vom Zentralwert spiegelbildlich auf die rechte Seite, so muß dort die neue Linie die ursprüngliche Kurve derart durchsetzen, daß beim Übergang von dieser zu jener die abzutragenden Stücke an Flächeninhalt gleich den hinzuzufügenden Stücken sind. Die beiden Kurven können sich aber nur an einer Stelle y_1 durchsetzen. Für diese Stelle y_1 wird der Wert der Verteilungsfunktion $\varphi(y_1)$ ebenso groß, wie der Wert $\varphi(y_2)$ für die Abszisse y_2, für die $y_z - y_2 = y_1 - y_z$. Gäbe es einen zweiten solchen Wert y_1', so daß auch $\varphi(y_1') = \varphi(y_2')$, wenn $y_z - y_2' = y_1' - y_z$, dann müßte $|y_1' - y_1| = |y_2 - y_2'|$ werden, während wir davon ausgegangen waren, daß immer $|y_1' - y_1| < |y_2 - y_2'|$ ist. Wir finden also nur einen Durchsetzungspunkt und damit nur zwei Flächenstücke, die sich ausgleichen, deren Inhalte also gleich sein müssen. Daraus können wir schließen, daß der Schwerpunkt der Fläche links von der Zentralordinate weiter von dieser entfernt ist als der Schwerpunkt der Fläche rechts von der Zentralordinate, denn um die erstere Fläche in die letztere zu verwandeln, müssen wir ein weiter entferntes Stück (in der Figur senkrecht schraffiert) in eine der Zentralordinate näher benachbarte Lage (in der Figur schräg schraffiert) bringen.

Die Mitte zwischen den beiden Schwerpunktsordinaten liefert nun aber die Schwerpunktsordinate der ganzen von der Verteilungskurve abgegrenzten Fläche und die zu dieser Ordinate gehörende Abszisse ist der Durchschnittswert y_0. Dieser Durchschnittswert muß also links (auf der flacheren Seite) von dem Zentralwert y_z liegen, und wir finden: Der Zentralwert liegt unter den angegebenen Voraussetzungen immer zwischen dem Durchschnittswert und dem Normalwert (Fechnersches Lagengesetz).

Wir haben übrigens gesehen, daß dieses Gesetz z. B. auch für die Absterbeordnung, trotzdem hierbei nicht eine einfache Verteilung vorliegt, erfüllt ist.

Wenn eine Verteilungsreihe symmetrisch ist, so fällt der Durchschnittswert mit dem Zentralwert und, wenn ein solcher vorhanden, auch mit dem Normalwert zusammen. Es ist noch wichtig, für die Fälle, wo die Verteilung asymmetrisch oder, wie man sagen kann, schief ist, ein bestimmtes Maß für die Schiefe zu besitzen. Zu einem solchen Maß gelangt man, indem man den Abstand des Normalwertes vom Durchschnittswert einführt. Nennt man diesen Abstand d, so würde d in gewissem Sinne ein Maß für die Schiefe geben. Dieses Maß ist aber ein lineares und nicht unmittelbar bei den verschiedenen Verteilungsreihen zu vergleichen. Man kann deshalb ein absolutes Maß für die Schiefe ableiten, indem man d mit der mittleren Ausweichung μ vergleicht. Es wird dann d/μ ein absolutes Maß für die Schiefe.

Als Beispiel wollen wir die Verteilungsfunktion

$$z = z_0 e^{-\frac{y}{d}}, \quad 0 < y < \infty$$

(Beispiel einer einseitigen Dispersion) nehmen. Dann ergibt sich für das arithmetische Mittel:

$$y_0 = \frac{\int_0^\infty z_0 e^{-\frac{y}{d}} y \, dy}{\int_0^\infty z_0 e^{-\frac{y}{d}} \, dy} = d.$$

Als Normalwert hat in diesem Falle der Wert $y = 0$ zu gelten, weil für ihn die Verteilungsfunktion den größten Wert erreicht; d ist also in der Tat der Abstand des Normalwertes vom Durchschnittswert. Ferner findet man für die mittlere Abweichung μ_0 vom Anfangswert $y = 0$:

$$\mu_0^2 = \frac{\int_0^\infty z_0 e^{-\frac{y}{d}} y^2 \, dy}{\int_0^\infty z_0 e^{-\frac{y}{d}} \, dy} = 2d^2$$

und damit für die mittlere Abweichung vom arithmetischen Mittel, d. h. die mittlere Ausweichung:

$$\mu^2 = \mu_0^2 - d^2 = d^2,$$

so daß sich in diesem Falle ergibt:

$$\frac{d}{\mu} = 1.$$

Eine besondere Auffassung der stationären Reihen kommt dann zur Geltung, wenn ihre Glieder die verschiedenen beobachteten Werte einer physikalischen Größe bedeuten. Die Abweichungen der verschiedenen Werte voneinander führt man bekanntlich darauf zurück, daß bei den einzelnen Beobachtungen Fehler gemacht worden sind. Man glaubt in allen diesen Fällen an die Existenz eines wahren Wertes, dem die beobachteten Werte mehr oder weniger nahe kommen. Was der wahre Wert unabhängig von den gemachten Beobachtungen bedeutet, bleibt allerdings zu beantworten. Die Gewißheit seiner Existenz schöpft man erstlich aus der Überzeugung von der Unveränderlichkeit des Gegenstandes, auf den sich die Beobachtungen beziehen, wenigstens während der Dauer dieser Beobachtungen. Sodann liegt aber auch ein über die bloße Erfahrung hinausgehendes Urteil zugrunde, das uns die von unseren Beobachtungen, d. h. von unseren Wahrnehmungen unabhängige Existenz der Naturobjekte behaupten läßt. Wir gelangen hiermit jedoch auf das unwegsamste Gebiet der ganzen Naturphilosophie. Die Frage, um die es sich handelt, läßt sich mit kurzen Worten gar nicht abmachen, weil sie wesentlich davon abhängt, was man unter Existenz versteht. Darin sind die Auffassungen sehr verschieden. Wir können aber die Betrachtung so führen, daß der metaphysische Einschlag möglichst vermieden wird. Dies läßt sich auf folgende Weise erreichen.

Das arithmetische Mittel der beobachteten Werte, für das die Abweichung der Beobachtungsreihe am kleinsten wird, bedeutet den Wert, der dem durch die Beobachtungen erhaltenen Resultate so nahe kommt, wie nur möglich, und den man als den zusammenfassenden Ausdruck der Beobachtungen ansehen kann.

Wenn die Beobachtungen nun mehr und mehr gehäuft werden, so nähert sich das arithmetische Mittel mehr und mehr, wie man annimmt, einer bestimmten Grenze, und als diese Grenze läßt sich der „wahre Wert“ festlegen. Derart würde der wahre Wert nicht als etwas, was unabhängig von den Beobachtungen existiert, wohl aber als ein auf den wirklich gemachten Beobachtungen aufgebauter Idealwert erscheinen, dem man näher und näher kommen kann, je mehr man die Beobachtungen häuft, ohne ihn je mit Sicherheit zu erreichen. Im mathematischen Sinne würde er also, wenn die Beobachtungen als eine beliebig weit fortsetzbare Reihe angesehen werden, den Grenzwert bedeuten, dem sich das arithmetische Mittel aus den Gliedern dieser Reihe bei unbegrenzt wachsender Gliederzahl nähert.

Wir können daher in bekannter Symbolik den so gebildeten Wert, wenn wieder $y_1, y_2, \ldots$ der Reihe nach die beobachteten Werte sind, mit

$$y = \lim_{N=\infty} \frac{y_1 + y_2 + \cdots + y_N}{N}$$

bezeichnen. Wir können auch die beobachteten Werte immer zu einer bestimmten Zahl, etwa r, aufeinander folgender Werte zusammenfassen und das arithmetische Mittel dieser Gruppen aufeinander folgender Werte nehmen. So würde sich, wenn

$$u'_\varrho = \sum_i \frac{y_{\varrho r+i}}{r}$$

das arithmetische Mittel für die ϱte Wertegruppe ist, unmittelbar ergeben, daß auch

$$y = \lim_{\nu=\infty} \frac{y'_0 + y'_1 + \cdots + y'_\nu}{\nu + 1}$$

wird. Der wahre Wert ist auch der Grenzwert für das arithmetische Mittel der neuen Zahlenreihe. Die durch die Mittelbildung aus r Beobachtungen erreichte engere Annäherung an den wahren Wert gibt sich dadurch zu erkennen, daß die mittlere Ausweichung der neuen Zahlenreihe kleiner ist als die der ursprünglichen.

Wenn die Beobachtungen außerordentlich gehäuft werden, so wird sich jeder der beobachteten Werte (der natürlich nur mit beschränkter Genauigkeit bestimmt werden kann) eine größere Anzahl Male wiederfinden. Wir werden aber, falls sich eine regelmäßige Verteilung der beobachteten Werte ergibt, für den jenem unmittelbar benachbarten Wert annähernd die gleiche Häufigkeit finden müssen. Es ist also die Häufigkeit des Vorkommens eines Wertes η zwischen zwei Grenzen, wenn diese Grenzen sehr nahe benachbart sind, dem Intervall $d\eta$ zwischen ihnen proportional, und wir können die relative Häufigkeit eines Wertes η in einem solchen Intervall in der Form

$$\psi(\eta)\, d\eta$$

ansetzen, wo $\psi(\eta)$ eine bestimmte Funktion von η, die Häufigkeitsfunktion, bezeichnet.

Da der Wert η zwischen den Grenzen $-\infty$ und $+\infty$ liegen muß, wird die relative Häufigkeit hierfür

$$\int_{-\infty}^{+\infty} \psi(\eta)\, d\eta = 1. \tag{12}$$

Nach unserer Voraussetzung ist der wahre Wert y gegeben durch das arithmetische Mittel aller Werte η, also durch das

Integral

$$y = \int_{-\infty}^{+\infty} \eta\psi(\eta)\,d\eta. \tag{13}$$

Bilden wir nun die Differenzen

$$x = \eta - y,$$

die wir als den Fehler der einzelnen Beobachtung bezeichnen, so zeigt sich sofort, daß, wenn wir $\psi(\eta) = \psi(y+x) = \varphi(x)$ setzen,

$$\psi(\eta)\,d\eta = \varphi(x)\,dx$$

wird. Wir erhalten weiter

$$\int_{-\infty}^{+\infty} \varphi(x)\,dx = 1 \quad \text{und} \quad \int_{-\infty}^{+\infty} x\varphi(x)\,dx = 0. \tag{14}$$

Ferner soll noch eine Größe μ durch die Gleichung

$$\mu^2 = \int_{-\infty}^{+\infty} x^2\varphi(x)\,dx \tag{15}$$

eingeführt werden. Diese Größe bedeutet, da ja $x = \eta - y$, die mittlere Abweichung der Werte η von dem „wahren Wert" und heißt der mittlere (quadratische) Fehler. Sie entspricht genau der früher eingeführten mittleren Ausweichung.

Wir wollen nun noch fragen, was der Durchschnittswert für das Produkt $x \cdot x'$ der Fehler zweier Beobachtungen wird. Für die relative Häufigkeit eines bestimmten Wertes dieses Produktes $X = x \cdot x'$, d. h. eines Wertes, der zwischen den Grenzen X und $X + dX$ liegt, erhält man sofort das Integral

$$\iint \varphi(x)\varphi(x')\,dx\,dx',$$

wobei für x, x' alle Werte zu nehmen sind, für die der Wert von $X = x \cdot x'$ zwischen den Grenzen X und $X + dX$ liegt.

Dies bedeutet, wenn wir x, x' als rechtwinklige Koordinaten eines Punktes in der Ebene deuten, daß das Integrationsgebiet ein unendlich schmaler, zwischen zwei gleichseitigen Hyperbeln

$$x' = \frac{X}{x}, \qquad x' = \frac{X + dX}{x}$$

liegender Streifen ist. Dieser Streifen läßt sich aber auf andere Weise in Flächenelemente zerlegen. Wir teilen ihn durch unendlich benachbarte Ordinaten. Zwei solche schneiden dann ein unendlich kleines Parallelogramm aus dem Streifen aus, von dem die in den Streifen fallenden parallelen Seiten die Länge $\frac{dX}{x}$ und den Abstand dx haben, so daß der Inhalt dieses Flächenelementes

$$= \frac{dx}{x}\, dX$$

wird. Damit verwandelt sich das obenstehende Integral, wenn wir darin

$$x' = \frac{X}{x}$$

einsetzen, in

$$dX \int \varphi(x) \varphi\left(\frac{X}{x}\right) \frac{dx}{x}.$$

Setzen wir also die relative Häufigkeit der Fälle, wo X zwischen X und $X + dX$ liegt,

$$= \Phi(X)\, dX,$$

Fig. 6.

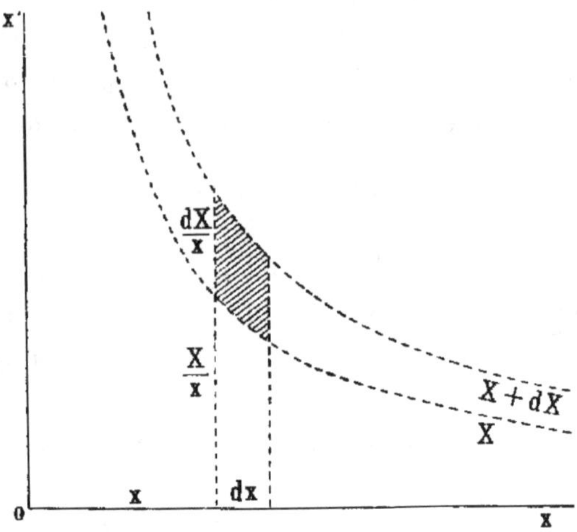

so folgt

$$\Phi(x) = \int_{-\infty}^{+\infty} \varphi(x)\varphi\left(\frac{X}{x}\right)\frac{dx}{x}.$$

Nun wird der Durchschnitt aller Werte X gegeben durch das Integral

$$\int_{-\infty}^{+\infty} X\Phi(X)\, dX,$$

wir erhalten dafür also den Wert

$$\int_{-\infty}^{+\infty}\int_{-\infty}^{+\infty} X\varphi(x)\varphi\left(\frac{X}{x}\right)\frac{dx}{x}\, dX$$

oder, indem wir in diesem über die ganze Ebene zu erstreckenden Doppelintegral wieder die ursprünglichen Flächenelemente einführen,

$$\int_{-\infty}^{+\infty}\int_{-\infty}^{+\infty} x \cdot x'\varphi(x) \cdot \varphi(x')\, dx\, dx'.$$

Es wird aber dieses Doppelintegral das Produkt zweier einfacher Integrale:

$$\int_{-\infty}^{+\infty} x\varphi(x)\, dx \cdot \int_{-\infty}^{+\infty} x'\varphi(x')\, dx',$$

und diese beiden Integrale sind 0, also auch ihr Produkt. Der Durchschnittswert des Produktes $x \cdot x'$ ist demnach 0.

Wir wollen dies benutzen, um den Zusammenhang des mittleren Fehlers μ der direkten Beobachtungen y_i mit dem mittleren Fehler μ' der zu r zusammengefaßten und zum Mittelwert y'_ϱ vereinigten Beobachtungen zu suchen. Wir müssen, um μ'^2 zu erhalten, den Durchschnittswert bilden von

$$\frac{1}{r^2}(x_1 + x_2 + x_3 + \cdots + x_r)^2$$

oder

$$\frac{x_1^2}{r^2} + \frac{x_2^2}{r^2} + \cdots + \frac{x_r^2}{r^2} + \frac{2x_1x_2}{r^2} + \cdots.$$

Die Durchschnittswerte der n ersten Glieder sind aber alle

$$\int_{-\infty}^{+\infty} x^2\varphi(x)\, dx = \frac{\mu^2}{r^2}$$

und die Durchschnittswerte der Produkte verschwinden, so daß wir schließlich erhalten

$$\mu'^2 = r \cdot \frac{\mu^2}{r^2}$$

oder

$$\mu' = \frac{\mu}{\sqrt{r}}. \tag{16}$$

Der mittlere Fehler ist also umgekehrt proportional der Quadratwurzel aus der Anzahl der Beobachtungen, von denen man das arithmetische Mittel nimmt.

Setzen wir nun aber

$$\lambda_i = y_i - y_0,$$

wobei $y_0 = \frac{1}{r}(y_1 + y_2 + \cdots + y_r)$, so ergibt sich (da ja $x_i = y_i - y = y_i - y_0 + y_0 - y$, wenn die Summation über die r zusammengefaßten Beobachtungen erstreckt wird,

$$\sum x_i^2 = \sum \lambda_i^2 + r(y_0 - y)^2$$

und daraus

$$\sum \lambda_i^2 = \sum x_i^2 - r(y_0 - y)^2.$$

Nehmen wir nun den Durchschnittswert, so ergibt sich für das erste Glied der rechten Seite der Wert $r \cdot \mu^2$, für das zweite Glied $r \cdot \frac{\mu^2}{r} = \mu^2$, also wird der Durchschnittswert von $\sum \lambda_i^2$

$$= (r-1)\mu^2,$$

und μ kann als der Durchschnittswert von

$$\sqrt{\frac{\sum \lambda_i^2}{r-1}}$$

angesehen werden. Sofern diese Größe von einer Beobachtungsserie zur anderen sich wenig ändert, kann sie selbst für den Wert μ genommen, also

$$\mu = \sqrt{\frac{\sum \lambda_i^2}{r-1}} \tag{17}$$

gesetzt werden.

Wir wollen nun auch noch den Durchschnittswert des Ausdruckes

$$\mathfrak{M} = \frac{1}{r-1}\left[(y_1 - y_2)^2 + (y_2 - y_3)^2 + (y_3 - y_4)^2 + \dots \right. \\ \left. + (y_{r-1} - y_r)^2\right] \tag{18}$$

suchen. Wir können diesen Ausdruck schreiben

$$\mathfrak{M} = \frac{1}{r-1}\left[(x_1 - x_2)^2 + (x_2 - x_3)^2 + \cdots + (x_{r-1} - y_r)^2\right]$$

oder

$$\mathfrak{M} = \frac{1}{r-1}(x_1^2 + 2x_2^2 + 2x_3^2 + \cdots + x_r^2) \\ - \frac{2}{r-1}(x_1 x_2 + x_2 x_3 + \cdots + x_{r-1} x_r),$$

und daraus folgt sofort für den Mittelwert

$$2\mu^2.$$

Ist also die Anzahl der Beobachtungen groß genug und die Verteilung der beobachteten Werte derart, daß man den gefundenen Wert mit dem Mittelwert identifizieren kann, so muß man, da offenbar auch

$$\mathfrak{M} = \frac{1}{r-1}\left[(\lambda_1-\lambda_2)^2+(\lambda_2-\lambda_3)^2+(\lambda_3-\lambda_4)^2+\cdots+(\lambda_{r-1}-\lambda_r)^2\right]$$

wird, zwischen diesem Ausdruck und dem Ausdruck

$$\mu^2 = \frac{\lambda_1^2+\lambda_2^2+\cdots+\lambda_r^2}{r-1}$$

die Beziehung finden

$$\mathfrak{M} = 2\mu^2, \tag{19}$$

und die erste Quadratensumme muß das Doppelte von der zweiten Quadratensumme sein.

Hiermit haben wir ein Kriterium, das Abbesche Kriterium[1]), gefunden, das sich sehr leicht anwenden läßt. Dieses Kriterium gilt dafür, daß die Werte der stationären Reihe dieselbe Verteilung zeigen, die sich bei wiederholten, gleich sorgfältigen Beobachtungen derselben physikalischen Größe ergibt, wo in der Tat angenommen werden kann, daß bei genügender Häufung der Beobachtungen die idealen Mittelwerte mit großer Annäherung erreicht werden. Insofern die bei solchen Beobachtungsreihen entstehende Verteilung die typische Verteilung ist, die da entsteht, wo die Abweichungen der einzelnen Werte der

---

[1]) E. Abbe, Dissertation, Werke Bd. II, letzte Abhandlung. Vgl. Helmert, Sitzungsberichte der Kgl. Preußischen Akademie der Wissenschaften 1905, S. 594, der zeigt, daß sowohl die Vorzeichensumme der Abweichungen λ_i gleich 0 wie der Ausdruck $\frac{\mathfrak{M}}{2\mu^2}$ gleich 1 wird mit einem mittleren Fehler, der der Quadratwurzel aus der Anzahl der Beobachtungen gleich ist.

Reihe voneinander auf bloßen Zufälligkeiten beruhen, kann des Kriterium auch direkt als Zufallskriterium bezeichnet werden.

Wir wollen es noch an einem Beispiel bestätigen. Wir nehmen dafür die früher (S. 30) als Produkte zweier beobachteten Größen gefundenen Zahlenwerte für die Konstante im Boyleschen (Mariotteschen) Gesetz, so daß die Werte der stationären Reihe jetzt sind

$$y_1 = 1531,\ y_2 = 1547,\ y_3 = 1531,\ y_4 = 1520,\ y_5 = 1518,$$
$$y_6 = 1541,\ y_7 = 1530,\ y_8 = 1535.$$

Der Durchschnittswert ist rund 1532, wir finden also

$$\lambda_1 = -1,\ \lambda_2 = +15,\ \lambda_3 = -1,\ \lambda_4 = -12,\ \lambda_5 = -14,$$
$$\lambda_6 = +9,\ \lambda_7 = -2,\ \lambda_8 = +3.$$

Nun ist ein erstes Mittel, um zu beurteilen, ob diese Abweichungen auf Rechnung des Zufalls gesetzt werden können, die Untersuchung, ob sie eine symmetrische Verteilung zeigen. Man kann sich hierbei darauf beschränken, festzustellen, ob der Durchschnittswert mit dem Zentralwert ungefähr zusammenfällt. Der Durchschnittswert der Zahlen λ ist aber 0 (wegen der Abrundung bei den obenstehenden Zahlen $-0,\ 4$). Soll nun auch der Zentralwert 0 sein, so müssen unter den λ ebensoviel positive wie negative sein. Wir können die sich so ergebende Regel fassen wie folgt: Man ersetze alle positiven λ durch den Wert $+1$, alle negativen durch -1, diejenigen, welche 0 sind, lasse man gleich 0, dann muß die algebraische Summe dieser Werte klein im Verhältnis zu der Anzahl der Beobachtungen sein. Im vorliegenden Falle haben wir fünf negative und drei positive Werte, würden also statt 0 den Wert -2 erhalten, was klein genug ist.

Bilden wir jetzt die mittlere Ausweichung nach der Formel (17), so erhalten wir

$$2\mu^2 = 2 \cdot \frac{661}{7} = 189.$$

Ferner wird

$$\mathfrak{M} = \frac{1}{7}(16^2 + 16^2 + 11^2 + 2^2 + 23^2 + 11^2 + 5^2)$$

oder

$$\mathfrak{M} = 187.$$

Die Übereinstimmung zwischen den Werten 2μ und $\mathfrak{M}$ ist so gut, wie man nur wünschen kann.

Siebentes Kapitel.

Das Urnenschema.

Wir gehen nun den Weg, daß wir einen besonderen Fall von stationären Zahlenreihen ins Auge fassen. In diesem Falle sollen die beobachteten Werte relative Häufigkeiten gleichartiger Ereignisse sein. Um aber ein bestimmtes Bild vor Augen zu haben, denken wir uns eine Urne, in der schwarze und weiße Kugeln gemischt enthalten sind und aus der eine bestimmte, sehr große Anzahl Male hintereinander eine Kugel gezogen wird, die jedesmal nach der Ziehung zurückgelegt wird. Das Verhältnis der Anzahl der gezogenen weißen Kugeln zu der Anzahl der gemachten Ziehungen überhaupt ergibt dann die aufzuzeichnende relative Häufigkeit. Wir können es dabei als eine Erfahrungstatsache ansehen, daß diese Verhältniszahl annähernd mit dem Verhältnis der in der Urne enthaltenen weißen Kugeln zu der Gesamtzahl der überhaupt vorhandenen Kugeln übereinstimmt. Wir können auch, wenn das einfacher scheint, diese Behauptung so wenden, daß wir zunächst von einer Urne ausgehen, in der die Kugeln einzeln, etwa mit Zahlen, bezeichnet sind. Die Behauptung lautet dann so, daß bei einer großen Anzahl von Ziehungen die verschiedenen Kugeln annähernd gleich oft erscheinen, falls beim Ziehen gewisse Vorsichtsmaßregeln (stets erneutes, gründliches Durcheinanderschütteln usw.) beobachtet werden. (Die Behauptung geht sogar noch weiter, die Anzahlen der Ziehungen für die verschiedenen Kugeln sollen um so genauer einander relativ gleich werden, je größer ihre absoluten Werte sind.) Die relative

Häufigkeit wird sonach für die einzelnen Kugeln, wenn s Kugeln in der Urne enthalten sind, annähernd gleich $\frac{1}{s}$, und wenn darunter r weiß gefärbt sind, wird die relative Häufigkeit der Ziehung einer weißen Kugel annähernd gleich $\frac{r}{s}$, also gleich dem Mischungsverhältnis.

Fassen wir nun die relativen Häufigkeiten ins Auge, die bei einer Serie von Ziehungsgruppen (zu je n Ziehungen) tatsächlich gefunden sind, so können wir von vornherein sagen, daß die so gefundenen Werte, weil sie keine systematische Veränderung zeigen, sich vielmehr alle mehr oder weniger dem Mischungsverhältnis der Kugeln nähern, in dem früher erörterten Sinne eine stationäre Reihe bilden.

Ist das Mischungsverhältnis also nicht bekannt, so liefert die Bestimmung der relativen Häufigkeit der gezogenen weißen Kugeln bei einer Serie von Ziehungsgruppen, deren jede eine große Anzahl von Ziehungen umfaßt, ein Mittel, den Wert des Mischungsverhältnisses wenigstens angenähert zu finden. Es sei eine Serie von m mal n Beobachtungen angestellt und es seien hierbei

$$w_1 = \frac{p_1}{n}, \quad w_2 = \frac{p_2}{n}, \quad \ldots, \quad w_m = \frac{p_m}{n}$$

die bei den einzelnen Beobachtungsgruppen gefundenen relativen Häufigkeiten. Diese bilden die Elemente der stationären Reihen, um die es sich handelt. Der Durchschnittswert aber, um den sich die Werte der Reihe gruppieren, wird:

$$w = \frac{w_1 + w_2 + \cdots + w_m}{m} = \frac{p_1 + p_2 + \cdots + p_n}{m \cdot n},$$

er ist demnach nichts anderes als die relative Häufigkeit, die sich ergibt, wenn wir direkt die relative Häufigkeit für die Gesamtheit aller angestellten Beobachtungen bilden. Denken wir uns nun die Beobachtungen weiter fortgesetzt, so daß wir neue Ziehungsserien von je $m \cdot n$ Ziehungen erhalten, dann bilden die aus diesen folgenden relativen Häufigkeiten eine neue stationäre Reihe, von der wir allgemein gezeigt haben, daß die Abweichung ihrer Werte voneinander geringer ist als die der ursprünglichen Reihe. So können wir noch weiter fortfahren, die gefundenen Reihen werden sich dann immer enger um einen bestimmten Mittelwert zusammenziehen. Es zeigt sich also, daß man einem bestimmten Wert näher und näher kommt, der mit der beobachteten relativen Häufigkeit um so genauer zusammenfällt, je größer die Anzahl der beobachteten Fälle ist. Daß der so ermittelte Wert das wirkliche Mischungsverhältnis der Kugeln in der Urne ist, kommt nicht unmittelbar in Betracht. Dieser Wert, den wir als Idealwert oder Grenzwert einer relativen Häufigkeit erhalten, ist derselbe, der sonst als mathematische Wahrscheinlichkeit bezeichnet wird. In dem hier angegebenen Sinne wurde der Begriff vielleicht zum erstenmal von Gauss eingeführt (Theoria combinationis observationum erroribus minimis obnoxiae 1821, Werke, Bd. IV, S. 5) und durch den Ausdruck facilitas relativa bezeichnet. In der weiteren Darstellung gebraucht er jedoch durchweg den gewöhnlicheren Ausdruck probabilitas und wir könnten ebenso die Bezeichnung Wahrscheinlichkeit verwenden. Es scheint aber doch besser, in dieser kurzen Darstellung, die nur das erkenntnistheoretische Problem, nicht aber die weiteren Ausführungen zu behandeln hat, um alle Mißverständnisse gegenüber der sonst üblichen Definition der Wahrscheinlichkeit auf Grund der „gleich möglichen Fälle“ zu vermeiden, überall den Ausdruck „relative Häufigkeit“ zu verwenden, trotzdem dieser dann auch über seine ursprüngliche Bedeutung hinaus eine besondere Prägung als Kunstausdruck erhält. Wir müssen im folgenden immer die Anzahl der Ziehungen so groß voraussetzen, daß die erreichte Annäherung an den Idealwert als hinreichend angesehen werden kann.

Die Ziehung aus einer Urne läßt sich als Typus eines einfachen Ereignisses ansehen. Wollen wir uns nun ein zusammengesetztes Ereignis bilden, so denken wir uns zwei Urnen. Zuerst wird aus der ersten Urne gezogen und nur, wenn hierbei eine weiße Kugel gefunden ist, wird auch aus der zweiten Urne gezogen. Daß hierbei wieder eine weiße Kugel gefunden wird, wird als das Eintreten des in Betracht gezogenen zusammengesetzten Ereignisses angesehen. Es fragt sich dann, ob die relative Häufigkeit dieses zusammengesetzten Ereignisses sich aus den relativen Häufigkeiten der Einzelereignisse ableiten läßt. Zu diesem Zweck denken wir uns wieder eine Serie von Ziehungsgruppen. Wir nehmen zunächst an, es sei n mal aus der ersten Urne gezogen worden. Nur bei einem Teil dieser Ziehungen, etwa p Ziehungen, ist dann eine weiße Kugel gezogen worden, und in einem Teil dieser Fälle, etwa bei q Ziehungen, sei auch aus der zweiten Urne eine weiße Kugel gezogen worden. Die relative Häufigkeit des zusammengesetzten Ereignisses ist dann

$$w = \frac{q}{n}.$$

Die relative Häufigkeit der Ziehung einer weißen Kugel aus der ersten Urne wird aber

$$w_1 = \frac{p}{n},$$

und die relative Häufigkeit der Ziehung einer weißen Kugel aus der zweiten Urne wird

$$w_2 = \frac{q}{p},$$

man findet also

$$w = w_1 \cdot w_2, \tag{1}$$

d. h. die relative Häufigkeit des zusammengesetzten Ereignisses ist das Produkt aus den relativen Häufigkeiten der Einzelereignisse.

Wir müssen aber beachten, welche Voraussetzung hierbei gemacht worden ist. Durch die Ziehungen aus der ersten Urne werden bestimmte Fälle, die durch das Finden einer weißen Kugel gegeben sind, herausgegriffen. Nur in diesen Fällen wird aus der zweiten Urne gezogen und die relative Häufigkeit für diese Ziehungen notiert. Liegt nun der Fall ebenso, als ob unabhängig von der ersten Urne aus der zweiten Urne gezogen worden wäre? Man wird die Frage hier unbedingt bejahen, sie wird sogar als gänzlich überflüssig erscheinen. Ihre Entscheidung bedeutet aber eine bestimmte Aussage über die beiden Einzelereignisse, aus denen sich das Gesamtereignis zusammensetzt, nämlich die Aussage darüber, daß die durch die erste Urne getroffene Bestimmung über die Ziehung aus der zweiten Urne keinen Einfluß auf die Resultate der Ziehungen aus dieser zweiten Urne ausübt, daß mit anderen Worten die beiden Einzelereignisse voneinander unabhängig sind.

Die gleiche Überlegung bleibt natürlich auch dann bestehen, wenn das Gesamtereignis sich aus mehr als zwei Einzelereignissen zusammensetzt. Wir können daher allgemein sagen:

Die relative Häufigkeit eines aus mehreren Komponenten zusammengesetzten Ereignisses ist gleich dem Produkt aus den relativen Häufigkeiten seiner Komponenten, wenn diese voneinander unabhängig sind.

Ein Ereignis kann aber noch auf eine andere Art aus Teilereignissen zusammengesetzt sein. Nehmen wir z. B. an, das Ereignis bestände darin, daß mit einem Würfel mehr als drei Augen geworfen werden. Dann setzt sich dieses Ereignis sofort aus drei Teilereignissen zusammen. Es können nämlich mit dem Würfel entweder vier oder fünf oder sechs Augen geworfen sein. In allen drei Fällen ist das Ereignis eingetreten. Nehmen wir nun an, es sei allgemein n die Gesamtzahl der Fälle. Dabei seien die Teilereignisse der Reihe nach p-, q-, r mal eingetreten, dann ist das Gesamtereignis $(p+q+r)$ mal eingetreten. Die relative Häufigkeit des Gesamtereignisses wird also

$$w = \frac{p+q+r}{n} = \frac{p}{n} + \frac{q}{n} + \frac{r}{n}.$$

Die relativen Häufigkeiten der Teilereignisse sind aber

$$w_1 = \frac{p}{n}, \quad w_2 = \frac{q}{n}, \quad w_3 = \frac{r}{n}.$$

Es ergibt sich demnach

$$w = w_1 + w_2 + w_3, \tag{2}$$

und wir können allgemein den Satz aussprechen:

Wenn bei einem Ereignis verschiedene Fälle möglich sind, die alle das Eintreten des Ereignisses bedeuten, so ergibt die Summe der relativen Häufigkeiten aller dieser Fälle die relative Häufigkeit des betrachteten Ereignisses selbst.

Bei jedem Ereignis sind aber immer von vornherein zwei Fälle zu unterscheiden, die durch das Eintreten und das Ausbleiben des Ereignisses gegeben sind. Das Eintreten und das Ausbleiben eines Ereignisses setzen sich jedoch zu einem Ereignis zusammen, das in allen Fällen eintritt, dessen relative Häufigkeit also gleich 1 ist. Nennen wir daher w die relative Häufigkeit des Eintretens und w' die relative Häufigkeit des Ausbleibens, so muß

$$w + w' = 1$$

werden, es ergibt sich also die relative Häufigkeit des Ausbleibens eines Ereignisses aus der relativen Häufigkeit w seines Eintretens durch die Gleichung

$$w' = 1 - w.$$

Wir benutzen die angestellten Überlegungen nun, um die relative Häufigkeit des mehrmaligen Eintretens eines Ereignisses in einer gewissen Anzahl von Fällen zu bestimmen. Wenn das Ereignis in n Fällen p mal eintreten soll, so müssen wir zunächst dabei eine bestimmte Folge des Eintretens und Ausbleibens ins Auge fassen. Es handelt sich dann um ein Ereignis, das aus n unabhängigen Teilereignissen besteht. Diese Teilereignisse sind das Eintreten oder Ausbleiben des betrachteten Erfolges im ersten, zweiten, dritten usw. Falle. Nach unserem Satze ist die relative Häufigkeit des Gesamtereignisses das Produkt aus den relativen Häufigkeiten der Teilereignisse, und von diesen n Faktoren sind p gleich w, wenn wir mit w die relative Häufigkeit des Einzelereignisses bezeichnen, von der wir voraussetzen, daß sie sich von Fall zu Fall nicht ändert, die übrigen $n - p$ Faktoren dagegen werden gleich $1 - w$. Wir finden also für die relative Häufigkeit des Gesamtereignisses den Wert

$$w^p(1-w)^{n-p}.$$

Nun soll aber die Reihenfolge, in welcher der betrachtete Erfolg eintritt oder ausbleibt, für das in Wirklichkeit betrachtete Gesamtereignis (das p malige Eintreten des betrachteten Erfolges in n Fällen) gleichgültig sein. Wir müssen also alle diese verschiedenen Reihenfolgen als verschiedene mögliche Fälle, in denen das in Rede stehende Ereignis eintritt, ansehen und finden die relative Häufigkeit dieses Ereignisses als die Summe der relativen Häufigkeiten, die sich für die einzelnen möglichen Reihenfolgen ergeben, d. h., da diese relativen Häufigkeiten alle gleich sind, als das Produkt ihres Wertes mit der Anzahl der Arten, auf die sich aus n Elementen p herausgreifen lassen. Diese Anzahl ist

$$\frac{1\cdot 2\cdot 3\cdot 4\cdot 5\ldots n}{1\cdot 2\ldots p\cdot 1\cdot 2\ldots (n-p)}=\frac{n!}{p!(n-p)!},$$

wenn wir in der üblichen Weise

$$1\cdot 2\cdot 3\ldots n=n!$$

setzen, und damit finden wir für die gesuchte relative Häufigkeit den Wert

$$\frac{n!}{p!(n-p)!}\,w^p(1-w)^{n-p}. \tag{3}$$

Dieser Wert ist, wie man sieht, einerseits eine einfache Funktion der relativen Häufigkeit w, andererseits hängt er in bestimmter Weise von der Zahl p ab und wir wollen ihn deswegen mit

$$\varphi_p(w) \text{ oder kürzer } \varphi_p$$

bezeichnen.

Bei der Bestimmung des vorstehenden Ausdruckes ist zu bedenken, daß der Wert w nie mit absoluter Genauigkeit, sondern immer nur mit einer gewissen Annäherung gefunden werden kann. Wir wollen nun untersuchen, welchen Einfluß eine kleine Abweichung δw im Werte von w auf die Bestimmung des Wertes φ_p ausübt. Die der Abweichung δw entsprechende Änderung dieses Wertes wird

$$\begin{aligned}\delta\varphi_p &= \frac{n!}{p!(n-p)!}\, w^p(1-w)^{n-p}\left(\frac{p}{w}-\frac{n-p}{1-w}\right)\delta w\\ &= \varphi_p\left(\frac{p}{w}-\frac{n-p}{1-w}\right)\delta w.\end{aligned}$$

Diese Änderung darf nur einen Bruchteil von φ_p ausmachen, damit die Bestimmung von φ_p überhaupt einen Sinn hat. Wir fragen also, wann

$$\delta\varphi_p < \varepsilon\cdot\varphi_p$$

wird, wo ε einen bestimmten echten Bruch bedeutet, und finden zunächst, daß dann dem absoluten Betrage nach

$$\left(\frac{p}{w}-\frac{n-p}{1-w}\right)\delta w < \varepsilon$$

sein muß, woraus sich, indem wir die Werte

$$u=\frac{p}{n},\quad 1-u=\frac{n-p}{n}$$

einsetzen, ergibt:

$$\left(\frac{u}{w}-\frac{1-u}{1-w}\right)n\,\delta w < \varepsilon$$

oder

$$\frac{u-w}{w(1-w)}\, n\,\delta w < \varepsilon.$$

Nehmen wir für δw die größte zu befürchtende Schwankung in der Bestimmung von w, so folgt für die zugehörigen Grenzen des Wertes u

$$u-w < \frac{w(1-w)}{n\,\delta w}\varepsilon$$

dem absoluten Betrage nach, oder

$$p-nw < \frac{w(1-w)}{\delta w}\,\varepsilon.$$

Nur wenn diese Bedingung für einen nicht zu großen Wert des echten Bruches ε, also sicher auch die Bedingung

$$p-nw < \frac{w(1-w)}{\delta w}$$

erfüllt ist, kann von einer Bestimmung des Wertes φ_p die Rede sein. Es ergibt sich also eine gewisse Grenze für die Abweichung des Wertes p von dem „Normalwert" nw, die überhaupt zulässig ist. Das ist für alles Folgende wichtig zu beachten.

Nehmen wir nun die Reihe der Werte φ_p, welche die Häufigkeit des Vorkommens eines bestimmten Wertes $\frac{p}{n} = u$ angeben, so fragt es sich, welcher Art diese Zahlenreihe ist, wenn wir von der Annahme eines festen Wertes w ausgehen. Es zeigt sich sofort, daß die Reihe in dem früher (S. 79) angegebenen Sinne einen einfachen Verlauf hat. Bilden wir nämlich den Ausdruck

$$\frac{\Delta\varphi_p}{\varphi_p} = \frac{\varphi_{p+1}-\varphi_p}{\varphi_p} = \frac{n-p}{p+1}\cdot\frac{w}{1-w} - 1 = \frac{(n+1)w-(p+1)}{(p+1)(1-w)},$$

so geht dieser durch Null hindurch, wenn mit möglichster Annäherung

$$\frac{n-p}{p+1} = \frac{1-w}{w}$$

oder

$$\frac{p+1}{n+1} = w$$

wird. Auf der einen Seite von diesem Werte ist der Ausdruck von $\frac{\Delta\varphi_p}{\varphi_p}$ beständig positiv und nimmt mit p zu, auf der anderen Seite wird er negativ und nimmt ebenfalls mit p zu, d. h. dem absoluten Werte nach ab; es wird nämlich

$$\frac{\Delta\varphi_p}{\varphi_p} - \frac{\Delta\varphi_{p+1}}{\varphi_{p+1}} = \frac{n+1}{(p+1)(p+2)} \frac{w}{1-w}$$

beständig positiv, die Werte von φ_p nehmen also vom Höchstwert aus nach beiden Seiten ab, wie Fig. 5 angibt.

Auf eine andere Weise untersuchen wir die aus dem Ausdruck φ_p folgende Zahlenreihe, indem wir die Summen

$$\sum_0^n \varphi_p, \quad \sum_0^n p\varphi_p, \quad \sum_0^n p^2\varphi_p$$

bilden. Was zunächst die erste angeht, so ergibt sich aus

$$1 = \left[w + (1-w)\right]^n = \sum_{p=0}^n \frac{n!}{p!(n-p)!} w^p (1-w)^{n-p}$$

sofort

$$\sum_0^n \varphi_p = 1.$$

Für das allgemeine Glied der zweiten Summe finden wir dagegen

$$\begin{aligned} p \cdot \varphi_p &= \frac{n!}{(p-1)!(n-p)!}\, w^p (1-w)^{n-p} \\ &= nw \cdot \frac{(n-1)!}{(p-1)!(n-p)!}\, w^{p-1}(1-w)^{n-p} \end{aligned}$$

und daraus folgt, indem wir die Werte, die aus φ_p hervorgehen, wenn man $n-1$ statt n nimmt, mit φ'_p bezeichnen,

$$p \cdot \varphi_p = nw \cdot \varphi'_{p-1};$$

es wird also

$$\sum_0^n p \cdot \varphi_p = nw \cdot \sum_0^{n-1} \varphi'_{p-1}$$

und damit

$$\sum_0^n p \cdot \varphi_p = n \cdot w. \tag{4}$$

Weiter ergibt sich:

$$\begin{aligned} p^2 \cdot \varphi_p &= \frac{n!}{(p-2)!(n-p)!}\, w^p(1-w)^{n-p} \\ &\quad + \frac{n!}{(p-1)!(n-p)!}\, w^p(1-w)^{n-p} \\ &= n(n-1)w^2 \cdot \varphi''_{p-2} + nw \cdot \varphi'_{p-1}, \end{aligned}$$

indem wir den Ausdruck, der aus φ_p hervorgeht, wenn man $n-2$ statt n nimmt, mit phi''_p bezeichnen, und damit erhalten wir

$$\sum p^2 \cdot \varphi_p = n(n-1)w^2 \cdot \varphi''_{p-2} + nw \cdot \sum \varphi'_{p-1};$$

da aber $\sum \varphi'_{p-1} = 1$, $\sum \varphi''_{p-2} = 1$, folgt hieraus:

$$\sum p^2 \cdot \varphi_p = n(n-1)w^2 + nw. \tag{5}$$

Diese Resultate lassen sich verwerten, um die registrierten Werte p nach der im vorigen Kapitel angegebenen Methode als die Glieder einer stationären Reihe zu untersuchen. Die Anzahl der insgesamt aufgezeichneten Werte sei N. Der Wert p findet sich dann $\varphi_p \cdot N$ mal, und wenn wir die Summe aller aufgezeichneten Werte bilden, so ergibt sich

$$\sum \varphi_p N \cdot p = N \sum p \cdot \varphi_p = N \cdot nw;$$

das arithmetische Mittel aller aufgezeichneten Werte wird also

$$p_0 = n \cdot w.$$

Berechnen wir nun die Summe der Quadrate der Abweichungen der aufgezeichneten Werte von diesem Mittelwert, so ergibt sich dafür der Ausdruck

$$\sum \varphi_p N \cdot (p - p_0)^2$$

und hierfür finden wir weiter:

$$\begin{aligned} &N \cdot \left[\sum p^2 \varphi_p - 2nw \sum p\varphi_p + n^2w^2\right] \\ =&N \cdot \left[n(n-1)w^2 + nw - n^2w^2\right] = N \cdot nw(1-w). \end{aligned}$$

Der Mittelwert aller Abweichungen wird also

$$\sqrt{nw(1-w)}.$$

Nehmen wir statt der Werte p selbst die Verhältniswerte $\frac{p}{n}$, so wird

$$\sum_0^n \frac{p}{n} \cdot \varphi_p = w$$

und

$$\sum_0^n \left(\frac{p}{n} - w\right)^2 \cdot \varphi_p = \frac{w(1-w)}{n},$$

also in diesem Falle die mittlere Ausweichung

$$\mu = \sqrt{\frac{w(1-w)}{n}}. \tag{6}$$

Diese mittlere Ausweichung wird sonach um so kleiner, je größer n ist.

Wenn aus einer Urne gezogen wird und sich hierbei unter n Ziehungen p mal eine weiße Kugel findet, so könnte man diesen Vorgang als typisch für alle Fälle ansehen, wo bei n Proben p mal der gewünschte Erfolg eintritt. Man kann daher versucht sein, die aus diesem einfachen Urnenschema abgeleiteten Resultate auf alle Fälle zu übertragen, in denen sich nichts weiter offenbart hat, als daß ein bestimmter Erfolg p mal unter n malen eingetreten ist. Der Schluß ist aber sehr gewagt und wird in den meisten Fällen auch als irrig nachgewiesen, wenn man die relative Häufigkeit nicht bloß einmal, sondern eine größere Anzahl Male bestimmt, und dann versucht, die mittlere Ausweichung der so gewonnenen stationären Reihe mit dem nach der obigen Formel sich ergebenden Ausdruck zu vergleichen. Man kann für diese mangelnde Übereinstimmung zunächst folgende Erklärung versuchen.

Bei dem Urnenschema ist man von vornherein gewiß, daß die Bedingungen des Ereignisses, die durch das Mischungsverhältnis der schwarzen und der weißen Kugeln in der Urne gegeben sind, unverändert bleiben. Im allgemeinen Falle hat man diese Gewißheit aber nicht. Man könnte nun diesen allgemeineren Fall an das zuerst gegebene Urnenschema anschließen, indem man voraussetzt, daß das Mischungsverhältnis der Kugel in der Urne wechselt, oder besser noch, daß die Ziehungen nicht aus einer Urne, sondern aus vielen Urnen mit verschiedenen Mischungsverhältnissen stattfinden. Es ist dann die Frage, ob sich dadurch die Verteilung der Anzahl Male, die ein bestimmtes Ziehungsverhältnis bei einer großen Anzahl von Ziehungen herauskommt, wesentlich ändert oder nicht.

Um diese Frage zu beantworten, nehmen wir an, es sei das Mischungsverhältnis der weißen und schwarzen Kugeln bei der i ten Ziehung w_i/w'_i, wobei immer $w_i + w'_i = 1$.

Bilden wir nun das Produkt

$$\prod_i (w_i\xi + w'_i\eta) = \sum_p \psi_p \xi^p \eta^{n-p},$$

über alle Ziehungen erstreckt, so gibt der Faktor ψ_p von $\xi^p\eta^{n-p}$ in diesem Ausdruck die relative Häufigkeit der Ziehung von p weißen Kugeln bei $n = p+q$ Ziehungen an. Dies ist sofort einzusehen, weil das Entstehen eines Ziehungsverhältnisses, bei dem p weiße Kugeln q schwarzen Kugeln gegenüberstehen, genau analog ist dem Herausheben eines Gliedes mit p Faktoren ξ und $n - p = q$ Faktoren η bei der Ausrechnung des angeschriebenen Produktes. So oft sich ein solches Glied ergibt, so oft ergibt sich auch bei den aufeinanderfolgenden Ziehungen eine Kombination, bei der gerade p weiße und q schwarze Kugeln gezogen sind.

Da die Summe aller dieser relativen Häufigkeiten gleich 1 sein muß, folgt für $\xi = \eta = 1$

$$\sum \psi_p \xi^p \eta^q = \prod_i (w_i \xi + w'_i \eta) = 1.$$

Für die Zahlenreihe, welche die relativen Häufigkeiten bilden, finden wir den Mittelwert w, indem wir bilden

$$nw = \sum p\psi_p = \sum p\psi_p \xi^{p-1} \eta^q \quad \text{für} \quad \xi = \eta = 1.$$

Nun ergibt sich aber:

$$\begin{aligned} \sum p\psi_p \xi^{p-1} \eta^q &= \frac{\partial \prod (w_i \xi + w'_i \eta)}{\partial \xi} \\ &= \prod (w_i \xi + w'_i \eta) \cdot \sum \frac{w_i}{w_i \xi + w'_i \eta} \end{aligned}$$

und daraus folgt für den Mittelwert w, wenn wir $\xi = \eta = 1$ setzen,

$$nw = \sum w_i. \tag{7}$$

Wir haben jetzt auch noch die mittlere Ausweichung zu berechnen und zu dem Zweck zu bilden

$$n^2 \mu^2 = \sum (p - nw)^2 \cdot \psi_p.$$

Hierfür ergibt sich zunächst:

$$\begin{aligned} \sum (p - nw)^2 \psi_p &= \sum p^2 \psi_p - n^2 w^2 \\ &= \sum p(p-1) \psi_p + nw - n^2 w^2, \end{aligned}$$

und weiter finden wir für $\xi = \eta = 1$

$$\sum p(p-1)\psi_p = \sum p(p-1)\psi_p \xi^{p-2}\eta^q = \frac{\partial \prod(w_i\xi + w_i'\eta)}{\partial \xi^2}.$$

Es wird aber für $\xi = \eta = 1$

$$\begin{aligned}\frac{\partial^2 \prod(w_i\xi + w_i'\eta)}{\partial \xi^2} &= 2\prod(w_i\xi + w_i'\eta) \cdot \sum_{i,k} \frac{w_i w_k}{(w_i\xi + w_i'\eta)(w_k\xi + w_k'\eta)} \\ &= 2\sum_{i,k} w_i w_k,\end{aligned}$$

und damit erhalten wir:

$$\begin{aligned}n^2\mu^2 &= \sum p(p-1)\psi_p + nw - n^2w^2 \\ &= 2\sum_{i,k} w_i w_k + \sum_i w_i - (\sum_i w_i)^2\end{aligned}$$

oder

$$n^2\mu^2 = \sum_i w_i - \sum_i w_i^2,$$

also

$$n^2\mu^2 = \sum_i w_i(1 - w_i).$$

In diesem Falle ergibt sich demnach für die mittlere Ausweichung der Wert

$$\mu = \sqrt{\frac{\sum w_i(1-w_i)}{n^2}}. \tag{8}$$

Wir haben bis jetzt über die Verteilung der relativen Häufigkeiten w_i nichts vorausgesetzt. Wir wollen einmal annehmen, daß diese Verteilung selbst eine solche ist, wie sie sich für das Ziehungsverhältnis bei einer Urne ergibt. Die auftretenden Werte w_i bilden dann eine typische Zufallsreihe. Der Mittelwert dieser Reihe, w, wird gegeben durch die Gleichung

$$\sum w_i = nw.$$

Dagegen wird die Quadratsumme $\sum w_i^2$ nach den früher gefundenen Formeln gleich $(n-1)w^2 + w$. Dies folgt nämlich aus der Gleichung

$$\sum p^2 \varphi_p = n(n-1)w^2 + nw,$$

wenn wir bedenken, daß $n\varphi_p$ die Anzahl Male ist, die der Wert p unter den n Gliedern der Reihe vorkommt, und daß jetzt $w_i = \frac{p}{n}$ einzusetzen ist. Wir finden also:

$$\begin{aligned}\sum w_i(1-w_1) = \sum w_i - \sum w_i^2 &= nw - (n-1)w^2 - w \\ &= (n-1)w(1-w)\end{aligned}$$

und damit

$$\mu = \sqrt{\frac{(n-1)w(1-w)}{n^2}}. \tag{9}$$

Dieser Wert der mittleren Ausweichung unterscheidet sich von dem früher gefundenen nur dadurch, daß der Faktor $\sqrt{\frac{n-1}{n}}$ hinzugetreten ist. Dieser Faktor wird für größeres n sehr nahe gleich 1 und wir finden so wieder dieselbe mittlere Ausweichung wie früher, wenn wir nur für das Mischungsverhältnis den Mittelwert $w = \frac{\sum w_i}{n}$ nehmen.

Daraus folgt, daß, wenn zwischen dem Wert von w und dem Wert von μ der früher gefundene Zusammenhang nicht bestehen soll, die Abweichung der Werte w_i vom Mittelwert w jedenfalls nicht selbst eine rein zufällige (wie sie sich bei der Ziehung aus einer Urne als Abweichung des Ziehungsverhältnisses vom Mischungsverhältnis ergibt) sein darf. Es muß vielmehr eine andersgeartete Veränderung in dem Mischungsverhältnis der Urne, aus der gezogen wird, mit anderen Worten eine systematische Veränderung der dem beobachteten Ereignis zugrunde liegenden Wahrscheinlichkeit angenommen werden.

Achtes Kapitel.

Näherungsformeln.

Für die relative Häufigkeit oder Wahrscheinlichkeit des $p$maligen Ziehens einer weißen Kugel bei n Ziehungen aus der Urne haben wir, wenn die relative Häufigkeit der Ziehung einer weißen Kugel w ist, den Ausdruck gefunden:

$$\varphi_p = \frac{n!}{p!(n-p)!} w^p (1-w)^{n-p}.$$

Um diesen Ausdruck zu berechnen, etwa mit Hilfe von Logarithmen, brauchen wir eine Tabelle der Fakultäten oder eine Tabelle für die Logarithmen dieser Fakultäten, d. h. die Summe der Logarithmen der ganzen Zahlen, von 1 anfangend. Der Ausdruck ist dann leicht für gegebene Werte von p und n zu berechnen, solange der Wert von n nicht groß ist. Wird n aber größer, so entsteht schon in den Logarithmen von w und $1-w$, da der eine mit p, der andere mit $n-p$ zu multiplizieren ist, eine erhebliche Ungenauigkeit, und damit wird das Resultat nur dann zuverlässig, wenn man Logarithmen mit hinreichend viel Stellen nimmt, was sehr unbequem ist.

Dann empfiehlt es sich, von bestimmten Näherungsformeln Gebrauch zu machen. Es zeigt sich nämlich, daß unter gewissen Umständen der Ausdruck von φ_p sich auf einen solchen zurückführen läßt, der eine Funktion bloß einer Veränderlichen ist und sich deshalb in einer Tabelle mit einem einzigen Eingang darstellen läßt.

Der erste Fall, in dem dies eintritt, ist der, wo n sehr groß ist, aber w sowohl von 0 als auch von 1 erheblich verschieden ist. Die Art der sich so ergebenden Verteilung wollen wir uns zunächst durch eine graphische Darstellung klar zu machen suchen. Sie ist in der untenstehenden Figur für 999 Ziehungen aus einer Urne, in der gleich viel weiße und schwarze Kugeln enthalten sind, angegeben. Es ergibt sich natürlich nicht im eigentlichen Sinne eine Kurve, aber die 1000 Punkte, die zu zeichnen sind, liegen einander so nahe, daß, wenn man je zwei aufeinander folgende von ihnen durch gerade Strecken verbindet, mit sehr großer An-

Fig. 7.

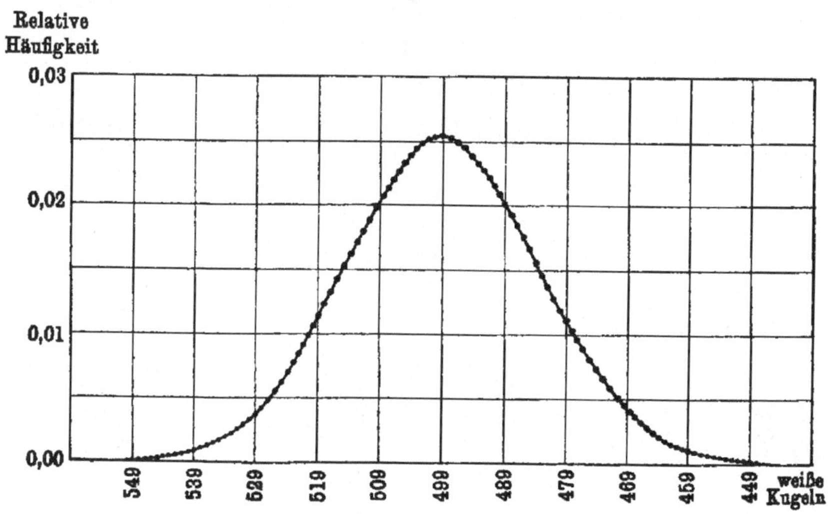

näherung das Bild einer Kurve entsteht. Analytisch würde das bedeuten, daß, wenn der als Einheit gewählte Abstand auf der

Abszissenachse mit e bezeichnet wird und die der Kurve entsprechende Funktion mit $\varphi(x)$, wobei $x = pe$, mit genügender Annäherung

$$\frac{d\varphi(x)}{dx} = \frac{\varphi_{p+1} - \varphi_p}{e}$$

angenommen werden kann oder, falls man unmittelbar $e = 1$ setzt,

$$\frac{d\varphi(x)}{dx} = \varphi_{p+1} - \varphi_p.$$

Die Kurve nähert sich in ihrem Verlauf so rasch der Abszissenachse, daß von ihr nur ein kleiner Teil, der sich allein merklich von der Abszissenachse entfernt, gezeichnet zu werden braucht. Dieser Teil gruppiert sich hier um die Stelle, bei der die Anzahl der gezogenen weißen Kugeln der Anzahl der gezogenen schwarzen Kugeln möglichst gleich wird.

Um nun einen angenäherten Ausdruck für φ_p zu finden, bilden wir wieder

$$\frac{\varphi_{p+1} - \varphi_p}{\varphi_p} = \frac{(n+1)w - (p+1)}{(p+1)(1-w)}.$$

Wir haben dabei vorauszusetzen, daß n sehr groß ist. Wir müssen dann annehmen, damit sich überhaupt ein von 0 hinlänglich verschiedener Wert von φ_p ergibt, daß p in der Nähe des Maximalwertes liegt. Dieser Maximalwert ergibt sich, wenn der Zähler des Bruches auf der rechten Seite der vorstehenden Gleichung möglichst angenähert gleich 0 wird, also wenn möglichst angenähert

$$p + 1 = (n+1)w$$

wird. Es liegt deshalb nahe, allgemein

$$p + 1 = (n + 1)w + x_1$$

zu setzen. x_1 ist dann eine im Verhältnis zu n kleine, wenn auch an sich große Zahl.

Die Zunahme um 1 im Argument von φ_p bedeutet demnach eine relativ sehr kleine Zunahme, und die Differenz $\varphi_{p+1} - \varphi_p$ kann einstweilen mit dem Differentialquotienten von φ_p, wenn wir dies als Funktion eines kontinuierlich sich verändernden Argumentes, nämlich von x_1, ansehen, identifiziert werden. Wir können also setzen, indem wir jetzt $\varphi_0(x_1)$ statt φ_p schreiben,

$$\frac{\varphi_{p+1} - \varphi_p}{\varphi_p} = \frac{\frac{d\varphi_0(x_1)}{dx_1}}{\varphi_0(x_1)} = \frac{d \ln \varphi_0(x_1)}{dx_1}$$

und erhalten

$$\frac{d \ln \varphi_0(x_1)}{dx_1} = -\frac{x_1}{nw(1 - w)\left(1 + \frac{x_1 + w}{nw}\right)}.$$

In dem Bruch rechter Hand können wir noch in dem letzten Faktor des Nenners den nach Voraussetzung sehr kleinen Wert $\frac{x_1 + w}{nw}$ weglassen und erhalten so einfach

$$\frac{d \ln \varphi_0(x_1)}{dx_1} = -\frac{x_1}{nw(1 - w)}.$$

Daraus folgt durch Integration

$$\varphi_0(x_1) = Ce^{-\frac{x_1^2}{2nw(1-w)}},$$

wobei C eine noch zu bestimmende Konstante bezeichnet.

Statt des Verhältnisses $\frac{\varphi_{p+1} - \varphi_p}{\varphi_p}$ können wir ebensogut aber auch das Verhältnis $\frac{\varphi_p - \varphi_{p-1}}{\varphi_p}$ bilden und erhalten dann

$$\frac{\varphi_p - \varphi_{p-1}}{\varphi_p} = \frac{(n+1)w - p}{(n+1-p)w}.$$

Der Ausdruck auf der linken Seite kann mit demselben Recht wie der frühere gleich einer logarithmischen Derivierten gesetzt werden. Auf der rechten Seite zeigt sich jetzt, daß der Ausdruck verschwindet, wenn mit möglichster Annäherung

$$p = (n+1)w$$

wird. Wir müssen daher jetzt allgemein

$$p = (n+1)w + x_2$$

setzen, dann erhalten wir genau wie vorher wieder

$$\frac{d \ln \varphi_0(x_2)}{dx_2} = -\frac{x_2}{nw(1-w)}$$

und daraus

$$\varphi_0(x_2) = Ce^{-\frac{x_2^2}{2nw(1-w)}}.$$

Die genaueste Darstellung wird zwischen den beiden gefundenen Näherungswerten liegen, d. h. sich auf ein Argument x beziehen, für das

$$x_1 > x > x_2$$

ist. Da nun aber

$$x_1 = (p - nw) + (1 - w),$$
$$x_2 = (p - nw) - w$$

ist, liegt es nahe,

$$x = p - nw$$

anzunehmen. Das kommt darauf hinaus, das Maximum an die Stelle

$$w = \frac{p}{n}$$

zu legen. Wir finden dann schließlich das Resultat

$$\varphi_0(x) = Ce^{-\frac{x^2}{2nw(1-w)}}. \tag{1}$$

Hiermit wäre die gesuchte Näherungsfunktion, die Gaußsche Funktion, gefunden. Es ist aber zu beachten, daß das Argument x eine sehr große Zahl bedeuten kann. Wenn wir statt x das Verhältnis $\xi = \frac{x}{n}$ einführen, erhalten wir statt $\varphi_0(x)$ die Funktion

$$Ce^{-\frac{n\xi^2}{2w(1-w)}}.$$

Da $\varphi_0(x)$ die relative Häufigkeit einer Anzahl der gezogenen weißen Kugeln, die mit x in den Stellen vor dem Komma übereinstimmt, war, so ist der vorstehende Ausdruck die relative Häufigkeit eines Wertes ξ innerhalb der Genauigkeitsgrenze $\frac{1}{n}$. Setzen wir

$$Cn = c$$

und

$$\frac{1}{n} = d\xi,$$

so können wir dafür schreiben:

$$\varphi_1(\xi)\,d\xi = ce^{-\frac{n\xi^2}{2w(1-w)}}\,d\xi. \tag{2}$$

Man sieht, daß $\varphi_1(\xi)\,d\xi$, wenn wir noch

$$t = \frac{x}{\sqrt{2nw(1-w)}} = \sqrt{\frac{n}{2w(1-w)}}\,\xi \tag{3}$$

setzen,

$$= c\sqrt{\frac{2w(1-w)}{n}}e^{-t^2}\,dt$$

wird.

Um nun noch die Konstante c zu bestimmen, kann man einen zweifachen Weg einschlagen. Einmal nämlich kann man davon ausgehen, daß der Maximalwert der Funktion $\varphi_0(x)$, der für $x = 0$ eintritt, mit dem Maximalwert von φ_p für $p = nw$ übereinstimmen soll. Man hat hierbei wieder einen Näherungsausdruck, der für sehr große n und p gilt, zu verwenden. Zu dem Zweck geht man aus von der sogenannten Stirlingschen Formel

$$n! = \sqrt{2\pi}\,n^{n+\frac{1}{2}}\,e^{-n},$$

die für einen sehr großen Wert von n gilt. Ebenso wird natürlich auch

$$p! = \sqrt{2\pi}\,p^{p+\frac{1}{2}}\,e^{-p}, \quad (n-p)! = \sqrt{2\pi}\,(n-p)^{n-p+\frac{1}{2}}\,e^{-n+p}$$

und es ergibt sich für $p = nw$:

$$\varphi_{nw} = \frac{1}{\sqrt{2\pi nw(1-w)}} \cdot \frac{n^n w^{nw}(1-w)^{n(1-w)}}{\left[nw\right]^{nw}\left[n(1-w)\right]^{n(1-w)}}$$
$$= \frac{1}{\sqrt{2\pi nw(1-w)}}.$$

Dieses muß aber mit der Konstanten C identisch sein, und wir haben sonach

$$C = \frac{1}{\sqrt{2\pi nw(1-w)}}, \quad \text{also} \quad c = \sqrt{\frac{n}{2\pi w(1-w)}}$$

und

$$\varphi_1(\xi) = \sqrt{\frac{n}{2\pi w(1-w)}} \cdot e^{-\frac{n\xi^2}{2w(1-w)}}.$$

Andererseits können wir aber auch davon ausgehen, daß die Summe aller möglichen relativen Häufigkeiten oder Wahrscheinlichkeiten gleich 1 werden muß, und diese Bedingung auch für die Näherungsfunktion als streng erfüllt annehmen. Es wird nun

$$\varphi_1(\xi)\, d\xi$$

die Wahrscheinlichkeit dafür, daß der Wert von ξ zwischen ξ und $\xi + d\xi$ liegt, und damit ergibt sich für die Summe aller möglichen Wahrscheinlichkeiten das Integral

$$\int_{-\infty}^{+\infty} \varphi_1(\xi)\, d\xi = c\sqrt{\frac{2w(1-w)}{n}} \int_{-\infty}^{+\infty} e^{-t^2}\, dt.$$

Um dieses letzte Integral zu berechnen, gehen wir den von Poisson angegebenen Weg, daß wir es mit einer anderen Bezeichnung der Veränderlichen noch einmal bilden und die beiden so entstehenden Integrale

$$I = \int_{-\infty}^{+\infty} e^{-t^2}\, dt, \quad I = \int_{-\infty}^{+\infty} e^{-s^2}\, ds$$

miteinander multiplizieren. Es ergibt sich so das Doppelintegral

$$I^2 = \int_{-\infty}^{+\infty} \int_{-\infty}^{+\infty} e^{-(s^2+t^2)}\, ds\, dt,$$

und um dieses auszuwerten, setzen wir

$$s = r\cos\varrho, \quad t = r\sin\varrho.$$

Dadurch geht, weil das Flächenelement dann $r\,dr\,d\varrho$ wird, das Doppelintegral über in

$$I^2 = \int_0^{\infty} \int_0^{2\pi} e^{-r^2} r\, dr\, d\varrho.$$

In diesem neuen Doppelintegral lassen sich die beiden Integrationen getrennt ausführen. Es wird

$$\int_0^{2\pi} d\varrho = 2\pi, \quad \int_0^{\infty} e^{-r^2} r\, dr = \frac{1}{2},$$

und damit ergibt sich schließlich

$$I^2 = \pi, \quad \text{also} \quad I = \sqrt{\pi}.$$

Hieraus aber folgt:

$$1 = \int_{-\infty}^{+\infty} \varphi_1(\xi)\, d\xi = c\sqrt{\frac{2w(1-w)}{n}} I = c\sqrt{\frac{2\pi w(1-w)}{n}},$$

also

$$c = \sqrt{\frac{n}{2\pi w(1-w)}}, \tag{4}$$

d. h. genau dasselbe Resultat, das früher auf anderem Wege gefunden wurde.

Die Veränderliche ξ kann, da das Verhältnis $\frac{x}{n}$ verhältnismäßig klein bleibt, nur sehr kleine Werte haben. In der Tat zeigt der Ausdruck von $\varphi_1(\xi)$, daß $n\xi^2$ einen mäßigen Wert haben muß, damit der Funktionsausdruck $\varphi(\xi)$ einen berechenbaren Wert erhält. Führen wir statt ξ die andere Relativzahl

$$\mathfrak{x} = \sqrt{n} \cdot \xi = \frac{x}{\sqrt{n}}$$

ein, so erhalten wir jetzt ein Argument, das mäßige Werte annimmt, und damit den Wert

$$\varphi(\mathfrak{x})\, d\mathfrak{x} = \frac{1}{\sqrt{2\pi w(1-w)}}\, e^{-\frac{\mathfrak{x}^2}{2w(1-w)}}\, d\mathfrak{x} \tag{5}$$

für die Wahrscheinlichkeit, daß $\mathfrak{x}$ zwischen $\mathfrak{x}$ und $\mathfrak{x} + d\mathfrak{x}$ liegt, d. h. das ermittelte Ziehungsverhältnis zwischen

$$\frac{p}{n} \quad \text{und} \quad \frac{p}{n} + \frac{\mathfrak{x} + d\mathfrak{x}}{\sqrt{n}}.$$

Man sieht daraus unmittelbar, daß die Genauigkeit der Bestimmung des Mischungsverhältnisses aus dem Ziehungsverhältnis proportional mit der Quadratwurzel aus der Anzahl der gemachten Ziehungen wächst.

Der Verlauf der gefundenen Funktion ergibt sich aus folgender Tabelle, wobei t durch (3) bestimmt ist:

$\pm t$	$\frac{1}{\sqrt{\pi}} e^{-t^2}$	$\pm t$	$\frac{1}{\sqrt{\pi}} e^{-t^2}$	$\pm t$	$\frac{1}{\sqrt{\pi}} e^{-t^2}$
0, 0	0, 5642	1, 0	0, 2076	2, 0	0, 0104
0, 1	0, 5586	1, 1	0, 1683	2, 1	0, 0069
0, 2	0, 5421	1, 2	0, 1337	2, 2	0, 0045
0, 3	0, 5157	1, 3	0, 1041	2, 3	0, 0029
0, 4	0, 4808	1, 4	0, 0795	2, 4	0, 0018
0, 5	0, 4394	1, 5	0, 0595	2, 5	0, 0011
0, 6	0, 3937	1, 6	0, 0436	2, 6	0, 0007
0, 7	0, 3457	1, 7	0, 0314	2, 7	0, 0004
0, 8	0, 2975	1, 8	0, 0222	2, 8	0, 0002
0, 9	0, 2510	1, 9	0, 0153	2, 9	0, 0001

Der zweite Fall, in dem sich ein einfacher Näherungsausdruck für φ_p ergibt, ist der, wo wieder n sehr groß, w aber sehr klein und p nicht groß ist, so daß die Fakultät $p!$ direkt berechnet werden kann.

Wir berechnen wieder $n!$ nach der S t i r l i n gschen Formel

$$n! = \sqrt{2\pi}\, n^{n+\frac{1}{2}}\, e^{-n}$$

und ebenso können wir setzen

$$(n-p)! = \sqrt{2\pi}\,(n-p)^{n-p+\frac{1}{2}}\, e^{-n+p}.$$

Es ergibt sich dann:

$$\varphi_p = \frac{(n-p)^p}{p!\left(1-\frac{p}{n}\right)^{n+\frac{1}{2}}} e^{-p} w^p (1-w)^{n-p}.$$

Nun kann aber für sehr großes n

$$\left(1-\frac{p}{n}\right)^{n+\frac{1}{2}} = e^{-p}$$

gesetzt werden und ebenso ergibt sich auch:

$$(1-w)^{n-p} = e^{-(n-p)w}.$$

Mithin wird

$$\varphi_p = \frac{(n-p)^p w^p}{p!} e^{-(n-p)w},$$

also schließlich, wenn noch

$$(n-p) \cdot w = m \quad \text{(oder angenähert } n \cdot w = m\text{)}$$

gesetzt wird,

$$\varphi_p = \frac{m^p e^{-m}}{p!}.$$

Dies ist die gesuchte Näherungsformel, zu der noch gehört, daß für $p = 0$ $\varphi_p = e^{-m}$ zu nehmen ist. Es zeigt sich, daß, damit berechenbare Werte herauskommen, die Anzahl n der gemachten Ziehungen so groß sein muß, daß das Produkt $n \cdot w$ einen angebbaren Wert erhält.

Um einen Begriff von dem Verlauf dieser Funktion zu geben, haben wir die folgende kleine Tabelle für einzelne Werte von m angefügt:

p	m					
	0,1	0,5	1,0	2,0	3,0	4,0
0	0,9048	0,6065	0,3679	0,1353	0,0498	0,0183
1	0,0905	0,3033	0,3679	0,2707	0,1494	0,0733
2	0,0045	0,0758	0,1839	0,2707	0,2240	0,1465
3	0,0002	0,0126	0,0613	0,1804	0,2240	0,1954
4	—	0,0016	0,0153	0,0902	0,1680	0,1954
5	—	0,0002	0,0031	0,0361	0,1008	0,1563
6	—	—	0,0005	0,0120	0,0504	0,1042
7	—	—	0,0001	0,0034	0,0216	0,0595
8	—	—	—	0,0009	0,0081	0,0298
9	—	—	—	0,0002	0,0027	0,0132
10	—	—	—	—	0,0007	0,0053
11	—	—	—	—	0,0001	0,0019
12	—	—	—	—	—	0,0006
13	—	—	—	—	—	0,0002
14	—	—	—	—	—	0,0001

Es bleibt noch der Fall zu erledigen, wo nicht aus einer Urne, sondern bei jeder Ziehung wieder aus einer anderen Urne gezogen wird, wobei die Mischungsverhältnisse der weißen und schwarzen Kugeln in den Urnen, aus denen gezogen wird, der Reihe nach beliebig gegeben sind. Wir können auch hier die Anzahl der Ziehungen außerordentlich groß annehmen und dann nach einem Näherungsausdruck suchen, der die herauskommende Verteilung darstellt.

Wir hatten oben das Mischungsverhältnis der weißen und schwarzen Kugeln in der i ten Urne mit w_i/w_i' bezeichnet, wobei $w_i + w_i' = 1$ war. Es wird hinreichen, wenn wir den Fall ins Auge fassen, wo sowohl w_i als auch w_i' höchstens in vereinzelten Fällen einen sehr kleinen Wert hat. Dann führt folgende Betrachtung zum Ziel.

Für die relative Häufigkeit des p maligen Ziehens einer weißen Kugel in $n = p + q$ Fällen hatten wir oben (S. 101) den Koeffizienten von $\xi^p \eta^q$ in der Entwickelung des Produktes

$$\prod_i (w_i \xi + w_i' \eta)$$

gefunden. Wir können nun, indem wir $\xi = e^{i\zeta}$, $\eta = e^{-i\zeta}$ annehmen, für diesen Koeffizienten den Integralausdruck setzen:

$$\psi_p = \frac{1}{\pi} \int_{-\frac{\pi}{2}}^{+\frac{\pi}{2}} \prod_i (w_i \xi + w_i' \eta) \xi^{-p} \eta^{-q} \, d\zeta.$$

Dieses Integral ergibt sich nämlich, wenn wir das Produkt ausführen, aus einer Reihe von Integralen der Form

$$\int_{-\alpha}^{+\alpha} \psi_\mu \xi^{\mu - p} \eta^{\nu - q} \, d\zeta.$$

Hierin wird

$$\mu + \nu = p + q = n.$$

Es findet sich also für das vorstehende Integral der Wert

$$\psi_\mu \int_{-\alpha}^{+\alpha} e^{2(\mu - p) i\zeta} \, d\zeta,$$

oder ausgerechnet, wenn $\mu - p \neq 0$,

$$\frac{\psi_\mu}{2(\mu-p)i}\left[e^{2(\mu-p)i\alpha} - e^{-2(\mu-p)i\alpha}\right]$$

oder

$$\frac{\psi_\mu}{\mu-p}\sin 2(\mu-p)\alpha.$$

Werden nun für die Integrationsgrenzen $-\alpha$ und $+\alpha$ die Werte $-\frac{\pi}{2}$ und $+\frac{\pi}{2}$, also $\alpha = \frac{\pi}{2}$ genommen, so verschwindet dieser Ausdruck, solange $\mu \neq p$. Nur wenn $\mu = p$, ergibt sich der Wert $\psi_p \cdot \pi$, womit die Behauptung bewiesen ist.

Um jetzt das eingeführte Integral umzuformen, setzen wir

$$w_i\xi + w_i'\eta = \varrho_i e^{i\theta_i},$$

dann wird, da ξ und η von der Form $\xi = e^{i\zeta}$, $\eta = e^{-i\zeta}$ sein sollen, weiter

$$w_i\eta + w_i'\xi = \varrho_i e^{-i\theta_i}.$$

Durch Multiplikation der beiden vorstehenden Ausdrücke erhalten wir

$$(w_i^2 + w_i'^2)\xi\eta + w_i w_i'(\xi^2 + \eta^2) = \varrho_i^2$$

oder, da $w_i + w_i' = 1$,

$$\xi\eta + w_i w_i'(\xi - \eta)^2 = \varrho_i^2.$$

Führen wir hierin ein die aus $\xi = e^{i\zeta}$, $\eta = e^{-i\zeta}$ folgenden Werte

$$\xi\eta = 1, \quad \xi - \eta = 2i\sin\xi,$$

so erhalten wir

$$1 - 4w_i w_i' \sin^2\zeta = \varrho_i^2.$$

Wenn nun das Produkt sehr viele Faktoren enthält (deren absolute Werte alle kleiner als 1 sind) und trotzdem sein absoluter Wert nicht sehr klein werden soll, so müssen in dem Ausdruck $\prod \varrho_i$ für den absoluten Wert des Produktes die Werte ϱ_i von 1 sehr wenig verschieden sein. Das bedingt aber, daß in dem Ausdruck

$$\sqrt{1 - 4w_i w_i' \sin^2 \zeta} = \varrho_i$$

$\sin \zeta$ und damit ζ selbst sehr klein werden muß, so daß wir $\sin \zeta$ durch ζ ersetzen können. Auf diese Weise erhalten wir

$$\sqrt{1 - 4w_i w_i' \zeta^2} = \varrho_i,$$

oder, da ζ sehr klein ist, mit genügender Annäherung

$$e^{-2w_i w_i' \zeta^2} = \varrho_i.$$

Ferner finden wir

$$\frac{w_i \xi + w_i' \eta}{w_i \eta + w_i' \xi} = e^{2i\theta_i},$$

und daraus

$$(w_i - w_i') \operatorname{tang} \zeta = \operatorname{tang} \theta_i.$$

Wird nun ζ sehr klein, so läßt sich statt dieser Gleichung schreiben:

$$(w_i - w_i') \zeta = \theta_i.$$

So ergibt sich schließlich für den zu bestimmenden Integralausdruck der Wert

$$\frac{1}{\pi} \int_{-\frac{\pi}{2}}^{+\frac{\pi}{2}} e^{-2\sum w_i w_i' \zeta^2} \, e^{\left[\sum (w_i - w_i') - (p-q)\right] i\zeta} \, d\zeta.$$

Wir wollen nun einführen

$$\frac{2\sum w_i(1-w_i)}{n} = \frac{2\sum w_i w_i'}{n} = k^2 \tag{6}$$

und außerdem die Mittelwerte

$$\frac{\sum w_i}{n} = w, \qquad \frac{\sum w_i'}{n} = w' \quad (w + w' = 1),$$

indem wir weiter setzen

$$w = \frac{p}{n} + \tau, \qquad w' = \frac{q}{n} - \tau,$$

dann nimmt der Integralausdruck die Form an:

$$\frac{1}{\pi}\int_{-\infty}^{+\infty} e^{-nk^2\zeta^2 + 2ni\tau\zeta}\, d\zeta.$$

Hierbei haben wir für die Grenzen sogleich $-\infty$ und $+\infty$ genommen, weil überhaupt nur kleine Werte des Argumentes ζ in Betracht kommen, indem für größere Werte der absolute Wert des Integranden sehr klein wird. Ferner wollen wir berücksichtigen, daß die Stufen, in denen τ zunimmt, durch $\frac{1}{n}$ gegeben sind, und da nach Voraussetzung n sehr groß ist, können wir $\frac{1}{n} = d\tau$ setzen und den Wert des Integralausdruckes

$$= \Phi(\tau)\, d\tau.$$

So erhalten wir:

$$\begin{aligned}
\Phi(\tau) &= \frac{n}{\pi}\int_{-\infty}^{+\infty} e^{-nk^2\left(\zeta - \frac{i\tau}{k^2}\right)^2} e^{-\frac{n\tau^2}{k^2}}\, d\zeta \\
&= \frac{\sqrt{n}}{\sqrt{\pi}k}\, e^{-\frac{n\tau^2}{k^2}} \int_{-\infty}^{+\infty} e^{-nk^2\left(\zeta - \frac{i\tau}{k^2}\right)^2} \sqrt{n}k\, \frac{d\zeta}{\sqrt{\pi}},
\end{aligned}$$

und daraus

$$\Phi(\tau) = \frac{\sqrt{n}}{\sqrt{\pi}k} e^{-\frac{n\tau^2}{k^2}}.$$

Wenn wir also noch

$$h_0 = \frac{\sqrt{n}}{k} \tag{7}$$

machen, so finden wir genau denselben Ausdruck

$$\Phi(\tau)\, d\tau = \frac{h_0}{\sqrt{\pi}} e^{-h_0^2\tau^2}\, d\tau \tag{8}$$

für die relative Häufigkeit der Abweichung τ des beobachteten Verhältnisses von dem Wert w wie früher. Der Wert w ist einfach das Mittel

$$w = \frac{\sum w_i}{n} \tag{9}$$

aus den einzelnen Werten w_i, und für h_0 ergibt sich die Gleichung

$$\frac{1}{2h_0^2} = \frac{1}{n}\sum \frac{w_i(1-w_i)}{n}.$$

Dieser Ausdruck ist also auch das Mittel aus den entsprechenden für die einzelnen relativen Häufigkeiten w_i gebildeten Werten

$$\frac{w_i(1-w_i)}{n}.$$

Das letzte Resultat läßt sich auch so deuten, daß die durch die Beziehung

$$\mu^2 = \int_{-\infty}^{+\infty} e^{-h_0^2\tau^2}\, \tau^2 \frac{h_0\, d\tau}{\sqrt{\pi}}$$

bestimmte mittlere Ausweichung für den Wert τ oder $\frac{p}{n}$, da

$$\int_{-\infty}^{+\infty} e^{-h_0^2\tau^2}\,\tau^2\frac{h_0\,d\tau}{\sqrt{\pi}} = \frac{1}{2h_0^2}$$

ist, den Wert erhält:

$$\mu = \sqrt{\frac{\sum w_i(1-w_i)}{n^2}}. \tag{10}$$

Die Formeln (9) und (10) stimmen genau mit denen überein, die wir im vorigen Kapitel bereits von dem ursprünglichen Ausdruck für die relative Häufigkeit ausgehend gefunden haben. Wir haben jetzt aber noch weiter gefunden, daß die Verteilung, die sich für das Ziehungsverhältnis bei einer sehr großen Anzahl von Ziehungen ergibt, wenn das Mischungsverhältnis (d. h. die zugrunde liegende mathematische Wahrscheinlichkeit) nicht unveränderlich ist, sondern beliebig wechselt, aber natürlich bei jeder Ziehungsserie in der gleichen Weise, keine andere ist wie bei dem gleichbleibenden Mischungsverhältnis, nämlich die durch die Gaußsche Funktion gegebene.

Dagegen besteht nicht mehr die frühere Beziehung zwischen w und μ

$$\mu = \sqrt{\frac{w(1-w)}{n}}. \tag{α}$$

Statt dieser Gleichung läßt sich aber leicht eine Ungleichheit ableiten. Wir haben

$$\sum w_i^2 = \sum(w_i - w)^2 + nw^2,$$

also

$$\sum w_i^2 > nw^2.$$

Hieraus und aus $\sum w_i = nw$ folgt aber

$$\sum w_i(1 - w_i) < nw - nw^2,$$

mithin

$$\frac{\sum w_i(1 - w_i)}{n^2} < \frac{w(1 - w)}{n}$$

und mit Rücksicht auf (2)

$$(\beta) \qquad \mu < \sqrt{\frac{w(1 - w)}{n}}.$$

Die Verwendung der gefundenen Näherungsformeln geht nun so vor sich, daß man, wenn eine Verteilungsreihe vorliegt, von der man vermutet, daß sie einer der Formeln angenähert entsprechen wird, diese Verteilungsreihe mit den nach der Formel errechneten Werten zu vergleichen sucht. Bei einer Verteilungsreihe, die der Gaußschen Verteilungsfunktion entspricht, muß die Verteilung eine symmetrische sein, d. h. bei gleichen Abständen von dem Normalwert müssen sich auch näherungsweise gleiche Häufigkeitszahlen ergeben. Bei einer Verteilungsreihe, die dem Ausdruck $\frac{m^p e^{-m}}{p!}$ entspricht, ergibt sich dagegen eine wesentliche Asymmetrie, und zwar ist der Normalwert nach dem Anfang der Reihe zu verschoben, so daß sich erst eine verhältnismäßig rasche Zunahme und nachher eine langsamere Abnahme ergibt.

Die Formeln enthalten bestimmte Konstanten, und zwar ist, wenn wir sie so auffassen, daß sie die jeweiligen Bruchteile der beobachteten Gesamtfälle liefern, also die Summe aller durch sie dargestellten relativen Häufigkeiten gleich 1 wird, in jeder Formel nur eine Konstante enthalten.

Im Falle der Formel (5) schreiben wir (für $\mathfrak{x} = x : \sqrt{n}$):

$$\text{(A)} \qquad \varphi(\mathfrak{x}) = \frac{h}{\sqrt{\pi}} e^{-h^2\mathfrak{x}},$$

wobei $h = 1 : \sqrt{2w(1-w)}$. Im Falle der Formel (8) ist $\mathfrak{x} = \tau\sqrt{n}$ und $h = h_0 : \sqrt{n} = 1 : k = \sqrt{n} : \sqrt{2\sum w_i(1-w_i)}$ zu setzen; $\mathfrak{x}$ und h sind dann berechenbare Werte.

Ist nun eine dieser Verteilungsfunktion folgende Verteilungsreihe vorgelegt, so besteht eine erste Methode, um zu der Bestimmung der Konstanten h in der Formel zu gelangen, darin, daß man die Integrale

$$\int_0^{\infty} \varphi(\mathfrak{x})\mathfrak{x}\, d\mathfrak{x} \quad \text{und} \quad \int_{-\infty}^{0} \varphi(\mathfrak{x})\mathfrak{x}\, d\mathfrak{x}$$

betrachtet, die einander entgegengesetzt gleich werden und von denen wir das erste mit S bezeichnen wollen. Es ergibt sich sofort:

$$S = \frac{1}{\sqrt{\pi}h} \int_0^{\infty} e^{-h^2\mathfrak{x}^2} h\mathfrak{x}\, d(h\mathfrak{x}) = \frac{1}{2\sqrt{\pi}h} \left[e^{-h^2\mathfrak{x}^2}\right]_{\infty}^{0} = \frac{1}{2\sqrt{\pi}h},$$

und daraus

$$\text{(a)} \qquad \frac{1}{2h} = \sqrt{\pi} \cdot S.$$

Die zweite Bestimmung von h beruht auf der Auswertung des Integrals

$$J = \int_{-\infty}^{+\infty} \varphi(\mathfrak{x})\mathfrak{x}^2\, d\mathfrak{x}.$$

Für dieses Integral ergibt sich der Wert:

$$J = \frac{1}{\sqrt{\pi}h^2} \int_{-\infty}^{+\infty} e^{-h^2\mathfrak{x}^2} h^2\mathfrak{x}^2 \, d(h\mathfrak{x}) = \frac{1}{\sqrt{\pi}h^2} \int_{-\infty}^{+\infty} e^{-t^2} t^2 \, dt = \frac{1}{2h^2},$$

weil durch partielle Integration

$$1 = \frac{1}{\sqrt{\pi}} \int_{-\infty}^{+\infty} e^{-t^2} \, dt = \frac{2}{\sqrt{\pi}} \int_{-\infty}^{+\infty} e^{-t^2} t^2 \, dt$$

gefunden wird. Also folgt

$$\text{(b)} \qquad \frac{1}{2h} = \sqrt{\frac{J}{2}}.$$

Die Vergleichung dieser beiden Bestimmungen zeigt, daß

$$\text{(c)} \qquad \sqrt{J} = \sqrt{2\pi} \cdot S$$

sein muß, und dies ist eine Beziehung, der jede Reihe mit einer solchen typischen Verteilung genügen muß.

Eine dritte Bestimmung läßt sich schließlich aus der Einführung des Wertes α ableiten, für den

$$\int_{-\alpha}^{+\alpha} e^{-t^2} \frac{dt}{\sqrt{\pi}} = \frac{1}{2}$$

wird. Dieser Wert läßt sich ein für allemal bestimmen. Man findet

$$\alpha = 0,4769.$$

Führt man nun auch den Wert ϱ ein, für den

$$\int_{-\varrho}^{+\varrho} \varphi(\mathfrak{x}) \, d\mathfrak{x} = \int_{-\varrho}^{+\varrho} e^{-h^2\mathfrak{x}^2} \frac{h \, d\mathfrak{x}}{\sqrt{\pi}} = \frac{1}{2}$$

wird, so ergibt sich sofort, daß

$$\alpha = h\varrho$$

sein muß. Man findet also

(d) $$h = \frac{0,4769}{\varrho}$$

und daraus auch

(e) $$\frac{\varrho}{0,9538\sqrt{\pi}} = S.$$

Dies ist eine zweite Beziehung, der eine typische Verteilungsreihe genügen muß. Was die Bestimmung von ϱ betrifft, so hat man nur von unten und von oben ein Viertel der beobachteten Fälle abzuzählen. Der Abstand der beiden so gefundenen Stellen ist das Doppelte des Wertes ϱ.

Wir wollen nun die analogen Bestimmungen auch für die zweite Näherungsformel

(B) $$\varphi_p = \frac{m^p e^{-m}}{p!}$$

durchzuführen suchen. Zunächst wollen wir bestätigen, daß auch hier sich

$$\sum \varphi_p = 1$$

ergibt. Dies ist in der Tat der Fall, denn es wird

$$\sum \varphi_p = \left\{1 + \frac{m}{1!} + \frac{m^2}{2!} + \frac{m^3}{3!} + \dots\right\} e^{-m} = e^m \cdot e^{-m} = 1.$$

Bilden wir nun auch $\sum p\varphi_p$, so finden wir sofort

$$\sum p\varphi_p = m\left\{1 + \frac{m}{1!} + \frac{m^2}{2!} + \dots\right\} e^{-m},$$

also

$$\text{(I)} \qquad \sum p\varphi_p = m.$$

Hieraus ergibt sich eine erste Bestimmung für die Konstante m. Weiter wird aber

$$\sum p(p-1)\varphi_p = m^2\left\{1 + \frac{m}{1!} + \frac{m^2}{2!} + \dots\right\} e^{-m},$$

also

$$\sum p(p-1)\varphi_p = m^2.$$

Daraus folgt

$$\sum p^2\varphi_p = m(m+1)$$

und

$$\sum (p-m)\varphi_p = \sum p^2\varphi_p - m^2 \sum \varphi_p = m(m+1) - m^2 = m.$$

Die so sich ergebende Formel

$$\text{(II)} \qquad \sum (p-m)^2\varphi_p = m$$

liefert mit (I) zusammen eine Beziehung, der die dieser Verteilungsformel folgenden Verteilungsreihen genügen müssen.

Bis jetzt haben wir überall vorausgesetzt, daß die gezogene Kugel immer wieder sofort in die Urne zurückgelegt wird. Diese Voraussetzung entspricht aber nicht der Art, wie man sich etwa von der Mischung zweier Getreidesorten in einem größeren Behälter überzeugen würde. Man würde dann einfach ein kleineres Maß voll Getreide herausschöpfen und durch Abzählen die Mischung der Getreidesorten in diesem Maße feststellen, um das gefundene Mischungsverhältnis sofort auf die ganze Getreidemenge zu übertragen. Die Berechtigung dieses allgemein angewendeten Verfahrens muß sich nun auch mathematisch begründen lassen, indem wir von denselben grundlegenden Voraussetzungen ausgehen wie bei dem gewöhnlichen Urnenschema.

Wir setzen also voraus, in einer Urne seien u weiße und v schwarze Kugeln enthalten, im ganzen $m = u + v$ Kugeln. Wir greifen nun von den m Kugeln n heraus und fragen nach der relativen Häufigkeit der Fälle, wo unter diesen n Kugeln p weiße und q schwarze sind. Wenn aber mit einem Griff n Kugeln gezogen werden, so ist dies für den Erfolg dasselbe, als wenn die Kugeln einzeln gezogen, aber nicht wieder zurückgelegt werden. Sind nun unter den gezogenen n Kugeln p weiße und q schwarze, so kann dieser Erfolg auf verschiedene Arten zustande gekommen sein, je nachdem in welcher Reihenfolge die weißen und schwarzen Kugeln erschienen sind. Solcher verschiedener Reihenfolgen der Farben gibt es im ganzen

$$\frac{n!}{p!\,q!}.$$

Für die verschiedenen Arten, auf die der Erfolg zustande kommen kann, ergibt sich aber dieselbe relative Häufigkeit ω, für den Erfolg selbst also die relative Häufigkeit

$$\frac{n!}{p!\,q!}\omega.$$

Um ω zu finden, zerlegen wir den gesamten Ziehungsprozeß, der die Kugeln in einer bestimmten Reihenfolge liefert, in die einzelnen Ziehungen, aus denen er besteht, und nehmen der Einfachheit wegen die Reihenfolge, wo erst alle weißen und dann alle schwarzen Kugeln erscheinen. Für die Ziehung der ersten weißen Kugel finden wir die relative Häufigkeit

$$\frac{u}{m},$$

für die Ziehung der zweiten Kugel die relative Häufigkeit

$$\frac{u-1}{m-1}.$$

So geht es fort. Für die Ziehung der letzten weißen Kugel wird die relative Häufigkeit

$$\frac{u-p+1}{m-p+1},$$

für die Ziehung der ersten schwarzen Kugel

$$\frac{v}{m-p},$$

usw., für die letzte Kugel

$$\frac{v-q+1}{m-p-q+1}.$$

Die relative Häufigkeit des Gesamtereignisses entsteht durch Multiplikation aller der vorstehenden Werte, also wird

$$\omega = \frac{u\cdot(u-1)\ldots(u-p+1)\cdot v\cdot(v-1)\ldots(v-q+1)}{m\cdot(m-1)\ldots(m-n+1)}$$

oder

$$\omega = \frac{u!\,v!}{m!} \cdot \frac{(m-n)!}{(u-p)!\,(v-q)!},$$

und damit finden wir für die gesuchte relative Häufigkeit den Wert

$$\psi_p = \frac{n!}{p!\,q!} \cdot \frac{u!\,v!}{m!} \cdot \frac{(m-n)!}{(u-p)!\,(v-q)!}.$$

Nehmen wir nun an, m sei sehr groß, ebenso auch u und v, derart, daß $\frac{u}{m}$ und $\frac{v}{m}$ von 0 und 1 erheblich verschieden sind, dagegen sei n eine mäßige Zahl, so wird man in dem ursprünglichen Ausdruck für $\omega u-1,\ldots,u-p+1$ durch u, $v-1,\ldots,v-q+1$ durch v, $m-1,\ldots,m-n+1$ durch m ersetzen können, und erhält dann statt ψ_p den früheren Ausdruck

$$\psi_p = \frac{n!}{p!\,q!}\,\frac{u^p v^q}{m^n},$$

der ja für $\frac{u}{m} = w$, $\frac{v}{m} = 1 - w$ in die Form

$$\psi_p = \frac{n!}{p!\,q!} w^p (1-w)^{n-p}$$

übergeht. Man sieht also, daß sich in diesem Fall dieselbe Verteilung ergibt, wie wenn die Kugeln einzeln gezogen und nach der Ziehung immer wieder zurückgelegt würden.

Es handelt sich nun darum, auch die Fälle zu untersuchen, wo nicht bloß m, sondern auch n einen großen Wert hat.

Um dann einen Überblick über die so entstehende Verteilungsreihe zu erhalten (deren Summe wieder gleich 1 ist), bilden wir zunächst den Quotienten

$$\frac{\psi_{p+1}}{\psi_p} = \frac{q}{p+1} \cdot \frac{u-p}{v-q+1}.$$

Hieraus leiten wir ab:

$$\frac{\psi_{p+1} - \psi_p}{\psi_p} = \frac{(n+1)(u+1) - (p+1)(m+2)}{(p+1)(v-n+p+1)}.$$

Dieser Ausdruck läßt sich einfacher schreiben, wenn wir die neuen Zahlenwerte einführen

$$p' = p+1,\ n' = n+1,\ u' = u+1,\ v' = v+1,\ m' = m+2$$

so daß

$$u' + v' = m'.$$

Er wird dann

$$\frac{\psi_{p+1} - \psi_p}{\psi_p} = \frac{n'u' - p'm'}{p'(v' - n' + p')}.$$

Man sieht sofort, daß dieser Ausdruck verschwindet, daß sich also ein Maximum der relativen Häufigkeit ergibt, wenn man

$$p' = n' \cdot \frac{u'}{m'}$$

macht. Dies entspricht der von vornherein annehmbaren Vermutung, daß der wahrscheinlichste Wert für das Mischungsverhältnis der schwarzen und weißen Kugeln innerhalb der herausgenommenen Stichprobe durch das Mischungsverhältnis der sämtlichen Kugeln in der Urne gegeben wird.

Genau wie früher wird die relative Häufigkeit eines genauen Zusammentreffens beider Verhältnisse an sich sehr gering, dagegen die relative Häufigkeit eines angenäherten Zusammentreffens sehr groß. Wir setzen dementsprechend wieder

$$p' = n'\frac{u'}{m'} + x$$

und finden dann

$$\frac{\psi_{p+1} - \psi_p}{\psi_p} = -\frac{m'x}{\left\{n'\frac{u'}{m'} + x\right\} \cdot \left\{(m' - n')\frac{v'}{m'} + x\right\}}$$

oder

$$\frac{\psi_{p+1} - \psi_p}{\psi_p} = -\frac{\xi}{\{w\chi + \xi\} \cdot \{(1 - w)(1 - \chi) + \xi\}},$$

wenn wir einführen

$$\frac{u'}{m'} = w, \quad \frac{v'}{m'} = 1 - w, \quad \frac{n'}{m'} = \chi, \quad \frac{m' - n''}{m'} = 1 - \chi, \quad \frac{x}{m'} = \xi.$$

Wir haben nun, auch vorausgesetzt, daß w nicht nahezu gleich 0 oder gleich 1 ist, zwei Fälle zu unterscheiden. Wenn χ nahe an 0 liegt, d. h. n wohl an sich groß, aber gegen m klein ist, können wir auf der rechten Seite der Gleichung in dem einen Faktor des Nenners den Wert ξ, den wir als relativ klein voraussetzen, gegen das erste Glied vernachlässigen, im anderen Faktor aber nicht. Wenn wir also

$$\frac{1}{m'} = d\xi, \quad \psi_p = \psi(\xi), \quad \psi_{p+1} - \psi_p = d\psi(\xi)$$

setzen, ferner

$$\frac{\psi_{p+1}-\psi_p}{\psi_p}=\frac{1}{m'}\,\frac{d\ln\psi(\xi)}{d\xi},$$

so ergibt sich, falls wir χ sehr klein annehmen,

$$\frac{d\ln\psi(\xi)}{d\xi}=-\frac{m'\xi}{(1-w)(1-\chi)(w\chi+\xi)}$$

oder

$$\frac{d\ln\psi(\xi)}{d\xi}=-\frac{m'}{(1-w)(1-\chi)}+\frac{m'}{(1-w)(1-\chi)}\cdot\frac{1}{1+\dfrac{\xi}{w\chi}}$$

und daraus durch Integration

$$\ln\psi(\xi)=\ln c-\frac{m'\xi}{(1-w)(1-\chi)}+\frac{m'w\chi}{(1-w)(1-\chi)}\ln\left(1+\frac{\xi}{w\chi}\right).$$

Führen wir hierin noch ein

$$\frac{m'}{(1-w)(1-\chi)}=\gamma,\quad w\chi=\varepsilon,$$

so können wir dafür schreiben

$$\ln\psi(\xi)=\ln c-\gamma\xi+\gamma\varepsilon\ln\left(1-\frac{\xi}{\varepsilon}\right).$$

Sollte dieser Ausdruck nun direkt berechenbar sein, so müßte zunächst $\gamma\xi$ berechenbar sein, also auch x. Damit würden wir aber zu dem Fall zurückkommen, wo nur eine mäßige Anzahl von Werten p in Frage kommt, während die vorliegende Ableitung sich auf den Fall bezieht, wo die Anzahl der in Betracht zu ziehenden Werte p sehr groß ist und nur für diesen Fall Gültigkeit hat. Wir müssen also $\gamma\xi$ als groß voraussetzen und damit $\gamma\varepsilon$ als sehr groß auch gegen $\gamma\xi$. Entwickeln wir nämlich den letzten Logarithmus in eine Reihe, so erhalten wir

$$\ln\psi(\xi) = \ln c - \frac{\gamma\xi^2}{2\varepsilon} + \frac{\gamma\xi^3}{3\varepsilon^2} - \dots.$$

Dieser Wert würde mit $\gamma\xi$ sehr groß werden, wenn $\gamma\varepsilon$ nicht sehr groß auch gegen $\gamma\xi$ wäre. Nun wird aber schon das Verhältnis des dritten zum zweiten Gliede dem absoluten Werte nach

$$= \frac{2}{3}\frac{\gamma\xi}{\gamma\varepsilon}.$$

Dies ist ein sehr kleiner Wert. Wir können uns also auf die zwei ersten Glieder beschränken und finden

$$\ln\psi(\xi) = \ln c - \frac{\gamma\xi^2}{2\varepsilon}$$

woraus folgt

$$\psi(\xi) = ce^{-\frac{\gamma\xi^2}{2\varepsilon}}$$

oder

$$\text{(C)} \qquad \psi(\xi) = ce^{-h_0^2\xi^2}$$

für

$$h_0^2 = \frac{\gamma}{2\varepsilon} = \frac{m'}{2w(1-w)\chi(1-\chi)}.$$

Es ist aber h_0 eine sehr große, ξ eine sehr kleine Zahl. Zu berechenbaren Werten gelangen wir, wenn wir

$$\mathfrak{x} = \frac{m'\xi}{\sqrt{n'}} = \frac{x}{\sqrt{n'}}, \quad h = \frac{\sqrt{n'}}{m'} h_0$$

einführen. Dann wird die Verteilungsfunktion

$$\psi(\mathfrak{x}) = \frac{h}{\sqrt{\pi}} e^{-h^2\mathfrak{x}^2},$$

genau wie früher, und angenähert $h^2 = \dfrac{1}{2w(1-w)}$. Dies war zu erwarten, denn wir sahen schon, daß, wenn die Anzahl der herausgegriffenen Kugeln klein ist im Verhältnis zu der Anzahl der in der Urne enthaltenen Kugeln, der Fall genau so liegt, als ob die Kugeln einzeln gezogen und nach der Ziehung jedesmal zurückgelegt würden.

In dem anderen Falle, wo weder w noch χ nahe an 0 oder 1 liegen, können wir in den beiden Faktoren des Nenners ξ gegen das erste Glied vernachlässigen und erhalten dann sofort

$$\frac{d \ln \psi(\xi)}{d\xi} = -\frac{m'\xi}{w(1-w)\xi(1-\xi)}$$

und daraus durch Integration

$$\psi(\xi) = ce^{-h_0^2\xi^2},$$

d. h. dieselbe durch die Gaußsche Funktion gegebene typische Verteilung wie vorhin und wie in dem Falle, wo die Kugeln einzeln gezogen und nach der Ziehung jedesmal zurückgelegt werden. Nur hat die frühere Größe $\sqrt{\dfrac{n}{2w(1-w)}}$, in welcher wir m'

statt n geschrieben zu denken haben, sich jetzt verwandelt in

$$h_0 = \sqrt{\frac{m'}{2w(1-w)\chi(1-\chi)}}.$$

Es tritt also noch ein Faktor hinzu, der am kleinsten ist, wenn die herausgegriffenen Kugeln die Hälfte von den in der Urne enthaltenen Kugeln betragen, und um so größer wird, je mehr sich die Anzahl der herausgegriffenen Kugeln von diesem Wert entfernt. Damit die Funktionswerte in den Grenzen der Berechenbarkeit liegen, muß $h\xi$, d. h. auch $x : \sqrt{n'}$ einen berechenbaren Wert haben und $x : n'$ daher einen sehr kleinen Wert. Das Mischungsverhältnis $\frac{p'}{n'} = w + \frac{x}{n'}$ des herausgegriffenen Kugelhaufens weicht also wenig von dem Mischungsverhältnis w der Kugeln in der Urne ab.

Aus allen bisherigen Betrachtungen hat sich uns für den Fall, daß sich die Verteilungsreihe einer kontinuierlichen Verteilungsfunktion nähert, immer eine bestimmte Funktion, die Gaußsche Funktion, ergeben. Diese Funktion ist ganz besonderer Art, unter anderem ist sie wesentlich symmetrisch.

Es gibt aber eine Erweiterung des Urnenschemas, durch die eine wesentlich unsymmetrische Verteilung entspringt und die sich als von großer Bedeutung erwiesen hat, weil sie den Weg zeigt, wie man zu viel allgemeineren Verteilungsfunktionen gelangen kann.

Diese Verallgemeinerung des Urnenschemas besteht darin, daß wir uns nicht bloß eine, sondern eine ganze Anzahl von Urnen denken, und zunächst durch das Los bestimmen, aus welcher Urne wir ziehen wollen. Für die Anzahl Male, die wir auf diese

Weise die $i$te Urne treffen, ergibt sich hierbei eine bestimmte relative Häufigkeit w_i derart, daß, wenn wir die Summation über alle Urnen ausdehnen,

$$\sum w_i = 1$$

wird.

Denken wir uns nun die Ziehungen an der $i$ten Urne vollzogen, so möge u_{iz} die relative Häufigkeit der Fälle bezeichnen, wo das Verhältnis der Anzahl der gezogenen weißen Kugeln zu der Anzahl der überhaupt gezogenen Kugeln gleich z ist. Wir haben dann eine typische stationäre Reihe vor uns und es gelten die früher abgeleiteten Beziehungen

$$\sum_z u_{iz} = 1, \quad \sum_z u_{iz} z = u_i, \quad \sum_z u_{iz}(z - u_i)^2 = \frac{u_i(1 - u_i)}{n}.$$

Betrachten wir nun aber die Ziehungen so, daß wir alle Urnen berücksichtigen, daß also von vornherein nicht entschieden ist, aus welcher Urne wir ziehen, so müssen wir das zusammengesetzte Ereignis ins Auge fassen, dessen erster Teil die Bestimmung der Urne ist, aus welcher gezogen werden soll, und dessen zweiter Teil in den Ziehungen aus der Urne selbst besteht. Für dieses zusammengesetzte Ereignis wird nun die relative Häufigkeit

$$w_i u_{iz}$$

und daraus ergibt sich der Mittelwert

$$w = \sum_i \sum_z w_i u_{iz} z = \sum_i w_i u_i.$$

Die mittlere Ausweichung haben wir durch den Ausdruck zu bestimmen

$$\mu^2 = \sum_i \sum_z w_i u_{iz}(z - w)^2.$$

Diesen Ausdruck haben wir nun weiter auszurechnen. Zu dem Zweck beachten wir zunächst, daß

$$\sum_i \sum_z w_i u_{iz}(z - u_i)^2 = \sum_i w_i \frac{u_i(1-u_i)}{n}$$
$$= \frac{w}{n} - \frac{\sum w_i u_i^2}{n}$$

wird. Wir finden dann weiter:

$$\mu^2 = \sum_i w_i \left[\sum_z u_{iz} z^2 - 2 \sum_z u_{iz} z \cdot w + w^2 \right]$$
$$= \sum_i \sum_z w_i u_{iz} z^2 - w^2.$$

Nun wird, da $\sum_z u_{iz} z^2 = \sum_z u_{iz}(z - u_i)^2 + u_i^2$,

$$\sum_i \sum_z w_i u_{iz} z^2 = \sum_i \sum_z w_i u_{iz}(z-u_i)^2 + \sum_i w_i u_i^2$$
$$= \frac{w}{n} - \frac{\sum w_i u_i^2}{n} + \sum w_i u_i^2 = \frac{w}{n} + \frac{n-1}{n} \sum w_i u_i^2$$
$$= \frac{w}{n} + \frac{n-1}{n} \sum w_i (u_i - w)^2 + \frac{n-1}{n} w^2,$$

also ergibt sich:

$$\mu^2 = \frac{w(1-w)}{n} + \frac{n-1}{n} \sum w_i (u_i - w)^2.$$

So gelangen wir zu dem Resultat, daß die mittlere Ausweichung

$$\mu = \sqrt{\frac{w(1-w)}{n} + \frac{n-1}{n} \sum w_i (u_i - w)^2}$$

wird, also in diesem Falle

$$(\gamma) \qquad \mu > \sqrt{\frac{w(1-w)}{n}}$$

ist.

Läßt man die Anzahl der jedesmal aus einer Urne gemachten Ziehungen unbegrenzt zunehmen, so wird die relative Häufigkeit (oder Wahrscheinlichkeit) der Fälle, wo das Mischungsverhältnis der gezogenen Kugeln zwischen z und $z + dz$ liegt, wenn feststeht, daß aus der $i$ten Urne gezogen wird,

$$= e^{-h_i^2(z-u_i)^2} \frac{h_i\, dz}{\sqrt{\pi}} \quad \text{für} \quad h_i = \sqrt{\frac{n}{2u_i(1-u_i)}}$$

und damit wird die Wahrscheinlichkeit, daß überhaupt das Ziehungsverhältnis zwischen z und $z + dz$ liegt,

$$(\mathrm{D}) \qquad \Phi(z)\, dz = \sum_i \frac{w_i h_i}{\sqrt{\pi}}\, e^{-h_i^2(z-u_i)^2} dz.$$

Daraus folgt sofort

$$\int_{-\infty}^{+\infty} \Phi(z)\, dz = 1,$$

ferner

$$\int_{-\infty}^{+\infty} z\Phi(z)\, dz = \sum_i w_i u_i = w.$$

Endlich wird

$$\int_{-\infty}^{+\infty} z^2\Phi(z)\, dz = \sum w_i \frac{u_i(1-u_i)}{n} + \sum w_i u_i^2,$$

entsprechend dem oben gefundenen Wert für μ^2.

Wir sind so zu einer Verteilungsfunktion

$$\Phi(z) = \sum_i \frac{w_i h_i}{\sqrt{\pi}} e^{-h_i^2(z-u_i)^2} \qquad (\sum w_i = 1)$$

gelangt, die eine sofort einleuchtende Verallgemeinerung der einfachen Gaußschen Funktion bildet. Es ist allerdings keine ganz leichte Aufgabe, eine vorliegende empirische Verteilungsfunktion auf diese Form zu bringen.

Was die Lösung dieser Aufgabe anbetrifft, so erinnert sie auf den ersten Anblick stark an die viel einfachere Aufgabe der Entwickelung einer gegebenen periodischen Funktion in eine Fouriersche Reihe, aber bei näherem Zusehen bemerkt man doch bald die tiefgreifende Verschiedenheit beider Entwickelungen. Zwar kann man in beiden Fällen sagen, daß die wirklich vorhandene Funktion aus gewissen Teilfunktionen, im einen Falle die wirkliche Schwingung aus Sinusschwingungen, im anderen Falle die wirkliche Dispersion aus typischen (der Gaußschen Verteilungsfunktion folgenden) Dispersionen zusammengesetzt wird. Aber während im Falle der Fourierschen Reihe die nähere Bestimmung der Teilschwingungen durch einfache Teilung der ganzen Periode in gleiche Teile gewonnen wird, sind im Falle der Entwickelung einer Verteilungsfunktion nach Gaußschen Funktionen in jeder von diesen zwei zu bestimmende Konstanten, h_i und u_i, enthalten. Will man diese Konstanten nicht von vornherein, sondern so bestimmen, daß eine möglichste Annäherung an die wirkliche Verteilung bei einer möglichst geringen Anzahl von Entwickelungsgliedern erreicht wird, so erhält man schon in dem Falle, wo die Entwickelung aus nur zwei Gliedern besteht, eine ziemlich schwierige Rechnung. Es liegt daher nahe, die Reihenentwickelung einer vorgelegten Verteilungsfunktion auf ganz anderem Wege zu versuchen. Der einfachste Weg wäre der, daß man nicht von der Funktion selbst, sondern von ihrer logarithmischen Derivierten ausgeht und diese in eine gewöhnliche Potenzreihe entwickelt. Für die Verteilungsfunktion selbst ergibt sich dann ein Ausdruck

$$\psi(z) = e^{a_0 + a_1 z + a_2 z^2 + a_3 z^3 + \dots}.$$

Ein anderer, anscheinend besserer Weg ist der, daß das Produkt der gegebenen Verteilungsfunktion und einer Funktion $e^{h^2(z-c)^2}$ in eine Potenzreihe $a_0 + a_1 z + a_2 z^2 + \dots$ entwickelt wird. Für die Verteilungsfunktion selbst ergibt sich dann ein Ausdruck

$$\psi(z) = e^{-h^2(z-c)^2}(a_0 + a_1 z + a_2 z^2 + \dots).$$

Man kann diese Entwickelung auch so fassen, daß man von der Funktion $\varphi(z) = e^{-h^2(z-c)^2}$ die sukzessiven Derivierten $\varphi_1(z), \varphi_2(z), \dots$ einführt und dann setzt

$$\psi(z) = b_0\varphi(z) + b_1\varphi_1(z) + b_2\varphi_2(z) + \dots.$$

Was diese Form der Entwickelung betrifft, so sei insbesondere auf H. Bruns, Wahrscheinlichkeitsrechnung und Kollektivmaßlehre (Leipzig und Berlin 1906) verwiesen, wo die allgemeine Lösung in einer allerdings nicht ganz leicht zu übersehenden Weise gegeben ist.

Neuntes Kapitel.

Die statistische Theorie des Zufalls.

Es handelt sich nun darum, aus den Entwickelungen der letzten Kapitel sozusagen die Nutzanwendung zu ziehen, indem wir in dem ganzen Bereich der Wirklichkeit die Erscheinungen suchen, die dem Schema der Zufallsspiele entsprechen. Dieses Entsprechen kann sich zunächst nur dadurch kundgeben, daß die Verteilung der empirisch festgestellten Zahlenwerte dieselbe ist, wie sie sich bei der Aufzeichnung der statistischen Ergebnisse im Falle häufiger Wiederholung des Zufallsspiels, im besonderen bei der Aufzeichnung der Ziehungsresultate, wenn das Zufallsspiel in den Ziehungen aus einer Urne besteht, ergeben würde. Wir wollen die Frage, inwieweit die äußere Übereinstimmung der statistischen Ergebnisse auch auf eine innere Gleichartigkeit der verglichenen Vorgänge schließen läßt, einstweilen beiseite lassen und vielmehr nur danach fragen, inwieweit die Übereinstimmung der statistischen Ergebnisse erreicht werden kann und wie man beurteilen soll, ob sie in hinreichender Weise vorhanden ist. Dies ist nicht so ganz einfach zu entscheiden, weil man bei der verhältnismäßig geringen Anzahl von Beobachtungen, die man meistens nur zur Verfügung hat, nicht eine völlige Regelmäßigkeit erwarten darf, vielmehr müssen die so gefundenen Werte mehr oder minder beträchtlich von den Zahlen abweichen, die sich bei unendlicher Häufung der Beobachtungen herausstellen würden.

Die statistischen Ergebnisse der Ziehungen aus der Urne werden nicht wirklich aufgezeichnet, sie erscheinen ersetzt durch die Formeln, welche wir bereits abgeleitet haben, und welchen die Bedeutung zukommt, daß sie den aus bestimmten theoretischen Erwägungen gefolgerten Ersatz für eine die wirklichen Ziehungsergebnisse bei einer sehr großen Zahl von Ziehungen registrierende Tabelle liefern. Wir haben so bestimmte Formeln, denen die aus der Gesamtheit alles Geschehens herauszugreifenden Vorgänge in ihren statistischen Ergebnissen zu entsprechen haben, d. h. wenn wir diese Ergebnisse graphisch auftragen, muß die Formel eine Kurve liefern, die verhältnismäßig nahe an den die statistischen Ergebnisse darstellenden Punkten vorbeiläuft. Wir können dies auch so ausdrücken, daß wir sagen: die Unterschiede zwischen den empirisch festgestellten und den aus der Formel folgenden Werten müssen eine stationäre Reihe bilden, die sich um den Mittelwert 0 gruppiert. Die sich so ergebende stationäre Reihe läßt sich aber meistens nicht mit genügender Sicherheit beurteilen, teils weil ihre Gliederzahl zu gering ist, teils weil die Genauigkeit der bestimmten Unterschiede verhältnismäßig zu klein ist. So ist eine exakte Beurteilung der vorliegenden Verteilungsreihe auf diesem Wege meistens nicht möglich. Deswegen ist es von Wichtigkeit, bestimmte zahlenmäßige Feststellungen zu haben, die wenigstens eine vorläufige Beurteilung, inwieweit die vorliegende Verteilungsreihe sich dem abgeleiteten Schema anpaßt, ermöglichen.

Diese zahlenmäßigen Feststellungen ergeben sich aus dem Gedanken, daß, wenn die gefundene Verteilungsreihe die Form einer aus dem Urnenschema folgenden Verteilungsreihe hat, auch für sie die Beziehungen gelten müssen, die wir bei dem Urnenschema fanden. Von solchen Beziehungen war die erste die Relation, die wir bei dem ersten Urnenschema, den Ziehungen einer Kugel aus einer Urne, zwischen dem Mischungsverhältnis und der mittleren Ausweichung der entstehenden Verteilungsreihe erhielten. Diese Relation hat Lexis[1]) benutzt, um einen ersten Anhaltspunkt dafür zu gewinnen, inwiefern die Dispersionen, die sich bei statistischen Verhältniszahlen ergeben, sich mit der aus dem einfachen Urnenschema folgenden Verteilungsreihe vergleichen lassen. Zur Aufstellung der Relation ist notwendig, daß zuerst der Durchschnittswert y_0 der sämtlichen beobachteten r Verhältniszahlen y_i berechnet wird. Daraus wird der Wert für die mittlere Ausweichung μ_1 in folgender Weise bestimmt (indem y_0 an die Stelle von w tritt):

$$\mu_1 = \sqrt{\frac{y_0(1-y_0)}{n}}, \tag{1}$$

wenn n die Durchschnittsanzahl der Fälle bezeichnet, auf die sich die einzelnen Verhältniswerte beziehen. Dieses Verfahren bezeichnet Lexis als die statistische Methode. Ihr steht die sogenannte physikalische Methode gegenüber, bei welcher die mittlere Ausweichung nach der Formel

$$\mu_2 = \sqrt{\frac{\sum(y_i-y_0)^2}{r-1}} \tag{2}$$

bestimmt wird, indem der Fehlertheorie entsprechend $r-1$ statt r genommen wird, was an sich belanglos ist (vgl. S. 88). Entspricht die Verteilungsreihe dem einfachen Urnenschema, so müssen die beiden gefundenen Werte gleich sein. Lexis setzt daher

$$Q = \frac{\mu_2}{\mu_1}, \tag{3}$$

[1]) Vgl. die grundlegende Schrift Zur Theorie der Massenerscheinungen in der menschlichen Gesellschaft, Freiburg 1877.

und spricht von einer normalen Dispersion, wenn wenigstens angenähert

$$Q = 1$$

ist. Wird dagegen $Q > 1$, so spricht er von einer übernormalen Dispersion und im Falle $Q < 1$ von einer unternormalen Dispersion. Der Wert Q wird neuerdings als Divergenzkoeffizient bezeichnet. Zu beachten ist von vornherein, daß seine Bildung nur dann einen Sinn hat, wenn μ_1 und μ_2 nicht zu klein sind, weil sonst aus der geringsten Abweichung in μ_1 oder μ_2 eine große Schwankung im Werte von Q entstehen würde. Insbesondere darf also y_0 weder nahe an 0 noch nahe an 1 liegen.

Um einen Begriff davon zu geben, wie sich die Werte des Divergenzkoeffizienten Q in der Wirklichkeit gestalten können, wollen wir mit Lexis[1]) das Beispiel des Verhältnisses der Sterblichkeiten für das männliche und weibliche Geschlecht in den verschiedenen Lebensaltern nehmen. Die Zahlen entstammen der belgischen Statistik für die Jahre 1841 bis 1860. Die Kolumne unter z gibt an die Anzahl der gestorbenen männlichen Individuen auf 1000 weibliche.

Aus dieser Tabelle geht hervor, daß während des ersten Lebensjahres die Dispersion als eine normale angesehen werden kann, ja sogar während der ersten fünf Jahre, da der einzige zu große Wert 1,53 in den Mängeln der Statistik begründet sein kann. Während der folgenden Jahre finden wir dagegen zum Teil sehr weitgehende Abweichungen von dem Normalwert 1.

[1]) Conrads Jahrbücher für Nationalökonomie und Statistik, Bd. 32 (1879), S. 60.

Alter	z	Q	Alter	z	Q
Totgeboren	1348	$0,99$	15–20 Jahre	770	$2,1$
0– 1 Monat	1359	$0,84$	20–25 "	1095	$1,7$
1– 2 Monate	1323	$1,15$	25–30 "	905	$1,5$
2– 3 "	1253	$0,91$	30–40 "	826	$2,1$
3– 4 "	1224	$1,14$	40–45 "	943	$2,3$
4– 5 "	1284	$1,04$	45–50 "	1143	$3,4$
5– 6 "	1257	$1,06$	50–55 "	1124	$4,3$
6– 9 "	1179	$1,13$	55–60 "	1055	$4,3$
9–12 "	1085	$1,12$	60–65 "	962	$3,5$
1– 2 Jahre	1028	$1,53$	65–70 "	913	$4,3$
2– 3 "	990	$1,06$	70–75 "	906	$4,1$
3– 5 "	947	$1,16$	75–80 "	903	$2,1$
5–10 "	878	$1,66$	80–85 "	866	$1,26$
10–15 "	713	$2,5$	85–90 "	800	$1,29$

In der Tat läßt sich eine solche Übereinstimmung, wie sie für die normale Dispersion gefordert wird, nur aus einer vermuteten Gemeinsamkeit gewisser allgemeiner Eigenschaften des vorliegenden Ereignisses mit den Vorgängen bei den Ziehungen aus einer Urne erklären. Daß eine solche Gemeinsamkeit aber nur in sehr vereinzelten Fällen angenommen werden kann, liegt auf der Hand, und so finden sich nur wenige Fälle, in denen wirklich angenähert $Q = 1$ wird.

Wir haben aber nachgewiesen, daß auch die Fälle, wo $Q \neq 1$ wird, sich auf Grund eines abgeänderten Urnenschemas erklären lassen. Nahmen wir nämlich an, daß das Mischungsverhältnis der schwarzen und weißen Kugeln in der Urne nicht von vornherein feststeht, sondern während der Ziehungen sich ändert (wir setzten voraus, es sei eine ganze Reihe von Urnen mit allen möglichen Mischungsverhältnissen vorhanden, und ließen die einzelnen Ziehungen aus je einer durch das Los oder sonstwie bestimmten Urne stattfinden), dann zeigte sich, daß die Verteilung der Ziehungsergebnisse wohl noch, wenn die Reihenfolge der gewählten Urnen von der einen zur anderen Ziehungsreihe festgehalten wurde, der gleichen Verteilungsfunktion wie früher, nämlich der Gaußschen Funktion folgte, aber die Beziehung $\mu_2 = \mu_1$ zwischen den oben angegebenen Werten (1) und (2) aufhörte zu bestehen und in die Ungleichheit

$$\mu_2 < \mu_1$$

überging, so daß sich $Q < 1$, also eine unternormale Dispersion ergibt. Nennen wir also das Mischungsverhältnis der Kugeln in der Urne jedesmal die dem Ereignis (d. h. der Ziehung) zugrunde liegende Wahrscheinlichkeit, so würde sich das allgemeine Resultat herausstellen:

Die unternormale Dispersion läßt sich erklären durch eine dem Ereignis zugrunde liegende, von Fall zu Fall wechselnde Wahrscheinlichkeit.

Andererseits hatten wir gefunden, daß, wenn die Ziehungen einer Reihe immer aus derselben Urne stattfinden, aber unter den Urnen mit allen möglichen Mischungsverhältnissen diejenige, aus welcher gezogen werden soll, erst durch das Los bestimmt wird, dann sich eine Verteilung ergibt, bei der

$$\mu_2 > \mu_1,$$

die Dispersion also eine übernormale ist.

Die übernormale Dispersion läßt sich also dadurch erklären, daß die dem Ereignis zugrunde liegende Wahrscheinlichkeit wohl bei allen den Fällen, die zur Bildung dieses Wertes der relativen Häufigkeit benutzt wurden, dieselbe ist, aber nicht dieselbe bei den verschiedenen Gruppen von Fällen, die zu der Bildung der einzelnen relativen Häufigkeitswerte benutzt sind.

Damit ist in der Tat eine gewisse Erklärung für das Auftreten und die Unterscheidung der drei verschiedenen Dispersionsarten gefunden[1]). Man darf aber die Bedeutung dieser Erklärung nicht überschätzen. Vor allem ist schwer einzusehen, wie sich in der Wirklichkeit eine von Fall zu Fall wechselnde, aber bei jeder Gruppe von Fällen in der gleichen Weise wiederkehrende Wahrscheinlichkeit ergeben soll. Nicht viel natürlicher ist die Annahme, daß bei jeder Gruppe von Fällen eine andere, aber bei den einzelnen Fällen einer Gruppe dieselbe Wahrscheinlichkeit vorhanden sein soll, denn die Einteilung der Fälle in Gruppen, an denen man die relative Häufigkeit bestimmt, ist doch meist eine an sich willkürliche, und die Fälle schließen sich örtlich und zeitlich kontinuierlich aneinander an. Man wird sich daher darauf beschränken müssen, zu sagen: ein Wechsel der Wahr-

[1]) Der Grundgedanke und ein Teil der analytischen Entwickelung bei dieser Erklärung geht auf Poisson zurück; die Deutung der übernormalen Dispersion, die Lexis ausführlich erörtert hatte, hat insbesondere v. Bortkewitsch (Das Gesetz der kleinen Zahlen, 1898, S. 29) noch weiter ausgestaltet. Man vgl., was allgemein die Anwendung der Wahrscheinlichkeitsrechnung auf Statistik betrifft, desselben Verfassers Kritische Betrachtungen zur theoretischen Statistik, Conrads Jahrbücher (3), Bd. 8, S. 641; Bd. 10, S. 321; Bd. 11, S. 671 (1894–1896).

scheinlichkeit innerhalb einer Gruppe von Fällen verringert die Dispersion, ein Wechsel von einer Gruppe zur anderen erhöht sie.

Es bleibt noch übrig, kurz der anderen Deutungsart zu gedenken, wo die Kugeln aus der Urne nicht einzeln, sondern auf einmal gezogen werden. In diesem Falle tritt in dem Ausdruck für die mittlere Ausweichung unter der Wurzel zu $w(1-w)/n$ noch ein Faktor $\chi(1-\chi)$ hinzu, der immer < 1 ist, es ergibt sich also

$$\mu_2 < \mu_1$$

und demnach wird

$$Q < 1,$$

die Dispersion ist also unternormal. Diese Erklärung der unternormalen Dispersion scheint an sich sehr einleuchtend. Aber wieder erhebt sich der Einwand, daß es meistens durchaus nicht der Wirklichkeit entspricht, wenn die Fälle einer Gruppe als eine natürliche Gesamtheit angesehen werden, wie es doch geschieht, wenn sie durch die mit einem Griff aus der Urne herausgeholten Kugeln illustriert werden. Immerhin könnte man ja vermuten, daß gerade da die unternormale Dispersion sich einstellt, wo die Verhältniszahlen sich in gewisser Weise auf solche natürliche Gruppen beziehen.

Das bekannteste Beispiel für eine vermutliche normale Dispersion bildet das Geschlechtsverhältnis der Geborenen. Auch dieses hat Lexis ausführlich behandelt (Conrads Jahrbücher für Nationalökonomie und Statistik, Bd. 27 (1876), S. 206; Abhandlungen zur Theorie der Bevölkerungs- und Moralstatistik, 1903, S. 130), indem er die Zahlen für die verschiedenen preußischen Regierungsbezirke in den einzelnen Monaten der Jahre 1868 und 1869 zugrunde legte. Wir wollen seine Resultate nur für die größten Bezirke anführen. Es ergibt sich:

Bezirk	n	Q
Königsberg	3426	1,06
Potsdam	3028	0,96
Frankfurt	3211	0,98
Posen	3738	1,01
Breslau	4766	0,89
Oppeln	4855	0,92
Magdeburg	3650	1,02
Düsseldorf	4305	1,12

Die Zahlen n beziehen sich auf die Geburten während eines Monates. Die Werte von Q kommen hier der Einheit so nahe, wie man es überhaupt erwarten kann, so daß wir hier in der Tat mit ziemlicher Sicherheit von einer normalen Dispersion sprechen können.

Trotzdem wäre der Schluß übereilt, daß wir mit Gewißheit annehmen können, in dem Geschlechtsverhältnis der Geborenen liege der Typus einer rein zufälligen Verteilung vor. Abgesehen davon, daß die bloße Bestimmung des Divergenzkoeffizienten Q allein dafür nicht ausreichend ist, beruht die Annäherung an den Wert 1, die Lexis gefunden hat, wie es scheint, auf der günstigen Auswahl der Beobachtungsbezirke und der verhältnismäßig kurz genommenen Beobachtungsdauer. Jedenfalls gelangt man zu anderen Ergebnissen, wenn man als Beobachtungsdauer statt eines Monates je ein Jahr und als Beobachtungsbezirk das Königreich Sachsen nimmt[1]). Es ergeben sich folgende Werte für

[1]) Vgl. E. Blaschke, Vorlesungen über mathematische Statistik, Leip-

das Verhältnis y der männlichen Geburten zu der Gesamtzahl der Geburten:

Jahr	y	Jahr	y	Jahr	y	Jahr	y
1891	0,512 14	1896	0,513 01	1901	0,511 77	1906	0,511 14
1892	0,513 94	1897	0,512 83	1902	0,512 43	1907	0,512 35
1893	0,512 13	1898	0,511 85	1903	0,510 19	1908	0,511 04
1894	0,510 36	1899	0,512 90	1904	0,512 86	1909	0,513 21
1895	0,512 14	1900	0,514 87	1905	0,513 20	1910	0,512 02

Für die Periode 1891 bis 1900 findet man hieraus den Wert $Q = 0,904$, für die Periode 1901 bis 1910 den Wert $Q = 0,705$. Diese Übereinstimmung ist weit weniger gut als die von Lexis gefundene.

Daß die Verschiedenheiten der Verhältniszahlen für die einzelnen Jahre nicht auf bloßen Zufälligkeiten beruhen, kann man aus den Zahlen für das gesamte Deutsche Reich während der letzten Jahre ersehen. Es entfallen auf 100 Mädchengeburten an Knabengeburten:

1906	106,0	1910	105,9
1907	106,3	1911	106,1
1908	106,1	1912	106,5
1909	105,9		

Dabei erscheint auffallend die Steigerung im letzten Jahre 1912. Sieht man nun zu, wie sie zustande gekommen ist, so erkennt man merkwürdigerweise, daß sie wesentlich von den süddeutschen Staaten herrührt. Die Zahl hat sich in Preußen von

zig 1906; H. Forcher, Die statistische Methode als selbständige Wissenschaft, Leipzig 1913.

106, 4 für 1911 nur auf 106, 5 für 1912 bewegt, während wir für die süddeutschen Staaten finden:

	1911	1912
Bayern	105, 9	106, 8
Württemberg	103, 6	106, 4
Baden	105, 3	106, 0
Elsaß-Lothringen	105, 3	106, 5

Es ist danach kein Zweifel, daß wesentlich auf diesen verhältnismäßig bedeutenden Verschiebungen auch die Änderung in der Gesamtziffer beruht.

Der starke Einfluß des Landes auf das Geschlechtsverhältnis der Geborenen ist bekannt. Es kamen z. B. auf 100 Mädchengeburten während des Zeitraumes 1887 bis 1891 an Knabengeburten

in England 103, 6
in Spanien 108, 3

Nach Bertillon (Anhang zum Annuaire statistique de la ville de Paris für 1905, Paris 1907) übt das Alter der Mutter einen deutlich erkennbaren Einfluß auf das Geschlecht des Kindes aus. Nach den Erhebungen in Paris 1891 bis 1905 ergeben sich auf 100 Mädchengeburten folgende Zahlen von Knabengeburten:

Alter der Mutter:	15–19	20–24	25–29	30–34	35–39	40–44	45–49
Eheliche	107, 1	106, 2	106, 4	106, 5	106, 6	113, 0	105, 0
Uneheliche	104, 5	105, 3	102, 2	105, 0	103, 7	112, 1	102, 1

Es zeigt sich also eine deutliche Zunahme der Knabengeburten für die mittleren Lebensjahre der Mutter.

Die Bestimmung des Divergenzkoeffizienten Q ist gewissermaßen der erste Schritt zur Beurteilung der Dispersion. Sie gibt z. B. noch keinen Anhaltspunkt für die Beurteilung einer vorhandenen Asymmetrie. Hierfür ist, wie wir bereits gesehen haben, von Wichtigkeit, daß außer dem arithmetischen Mittel auch der Zentralwert, unter dem und über dem gleich viel der Beobachtungswerte liegen, und der Normalwert, für den sich in der aus der Urreihe abgeleiteten Verteilungsreihe die größte relative Häufigkeit ergibt, gebildet werden.

Fallen diese drei Werte zusammen, so liefert dies einen Anhaltspunkt dafür, daß die Dispersion eine symmetrische ist. Wir haben also folgende drei Werte zu bestimmen:

1. Den Durchschnittswert der Beobachtungswerte

$$y_0 = \frac{\sum y_i}{r}$$

oder, wenn wir die Verteilungsfunktion $\varphi(y)$ einführen,

$$y_0 = \int_{-\infty}^{+\infty} \varphi(y) y \, dy : \int_{-\infty}^{+\infty} \varphi(y) \, dy. \tag{4}$$

2. Den Zentralwert y_z, für den

$$\int_{-\infty}^{y_z} \varphi(y) \, dy = \int_{y_z}^{+\infty} \varphi(y) \, dy \tag{5}$$

wird.

3. Den Normalwert y_a, für den

$$\varphi(y_a) = \text{Max.} \tag{6}$$

wird. Dann muß, wenn eine symmetrische Verteilung vorliegt,

$$y_0 = y_z = y_a$$

werden. Dieser Wert kann als der typische Wert bezeichnet werden.

Man wird sich nun aber schwer entschließen, mit dieser Bestimmung die Beurteilung der Verteilungsreihe abzuschließen. Der letzte Zielpunkt muß vielmehr sein, ein „Gesetz" für die Verteilung selbst herauszufinden. Auch dazu kann die Betrachtung des Urnenschemas dienen. Hierbei hat sich uns überall, wo die Anzahl der beobachteten Fälle sehr groß war, die Gaußsche Verteilungsfunktion ergeben, und wenn wir eine allgemeinere Verteilungsfunktion erstrebten, so mußten wir sie uns aus der Übereinanderlagerung Gaußscher Funktionen hervorgegangen denken (ähnlich wie man sich die allgemeine Schwingung aus der Superposition von Sinuswellen hervorgegangen denkt). Das legt es nahe, zunächst zu versuchen, wie weit man mit der einfachen Gaußschen Verteilungsfunktion kommt. In diesen Fällen kann, wie wohl nicht mehr besonders hervorgehoben zu werden braucht, die Dispersion sowohl eine normale als auch eine unter- oder übernormale sein, die Gültigkeit des Gaußschen Verteilungsgesetzes und die Lexissche Beurteilung der normalen Dispersion fallen keineswegs zusammen. Es zeigt sich nun, daß unter der Voraussetzung einer typischen Dispersion, die der Gaußschen Funktion

$$\varphi(x) = \frac{h}{\sqrt{\pi}} e^{-h^2x^2}$$

folgt, sich für die Konstante h in dieser Funktion eine dreifache Bestimmung ergibt. Die eine Bestimmung benutzt die Werte, unter oder über denen ein Viertel der beobachteten Zahlenwerte liegt. Nennt man σ den Unterschied dieser Werte, so wird

$$(7) \qquad \frac{1}{h_1} = \frac{\sigma}{0,9539}.$$

Die zweite Formel benutzt die Summe der Abweichungen y aller Beobachtungswerte, d. h. aller Glieder y der Urreihe, die über oder unter dem Mittelwert liegen, von diesem Mittelwert. Ist r die Gesamtzahl aller bestimmten Werte, so folgt

$$(8) \qquad \frac{1}{h_2} = 2\sqrt{\pi}\,\frac{\sum\limits_{+}(y_i - y_0)}{r} = -2\sqrt{\pi}\,\frac{\sum\limits_{-}(y_i - y_0)}{r},$$

wenn $\sum\limits_{+}$, $\sum\limits_{-}$ bedeutet, daß die Summation über alle positiven oder alle negativen Werte der Differenz $y_i - y_0$ erstreckt werden soll. Die dritte Bestimmung beruht auf der Quadratensumme aller vorkommenden Abweichungen vom Mittelwert und liefert

$$(9) \qquad \frac{1}{h_3} = \sqrt{2\frac{\sum(y_i - y_0)^2}{r-1}}.$$

Der letzte Wert stimmt bis auf den Faktor $\sqrt{2}$ mit der mittleren Ausweichung μ_2 überein. Wenn man im vorliegenden Falle diese Bestimmungen verwerten will, so muß man alle überhaupt vorliegenden Bestimmungen, die sich auf die einzelnen Monate der Jahre 1868 und 1869 beziehen, zusammenfassen und erhält dann eine Gesamtheit von 816 Einzelbestimmungen. L e x i s zieht es aber vor, zunächst eine Gruppe aus den 17 größten Bezirken zu wählen, zu denen auch die oben angeführten gehören. Es liegen dann nur 408 Einzelbestimmungen vor, für die sich in der Tat nach den drei möglichen Methoden derselbe Mittelwert 1065, 8 und folgende Verteilungsreihe ergibt:

Abweichung + −	Beobachtete Fälle +	Beobachtete Fälle −
0– 20	82	73
20– 40	57	65
40– 60	41	43
60– 80	16	9
80–100	5	9
Über 100	3	5

Führt man nun die drei Bestimmungen von h aus, so ergeben sich die Werte

$$h_1 = 0,018, \qquad h_2 = 0,019, \qquad h_3 = 0,019,$$

also eine gute Übereinstimmung.

Rechnet man aber mit Hilfe des bestimmten Normalwertes und des Wertes von h nach der Gaußschen Funktion die Häufigkeitszahlen aus, so findet man die folgenden Zahlenreihen:

Berechnet	82	61	37	17	5	2
Beobachtet ... +	82	57	41	16	5	3
Beobachtet ... −	74	65	43	9	9	5

Bei der Beurteilung der so erreichten Übereinstimmung muß man die Unsicherheit bedenken, die an sich wegen der verhältnismäßig geringen Zahl beobachteter Fälle vorhanden ist. Dann muß in der Tat die gefundene Übereinstimmung als eine sehr gute gelten.

Um noch ein Beispiel zu haben, das von vornherein jeder solchen Bestimmung zu spotten scheint, wollen wir mit Pearson das Verhältnis der unionistischen Stimmen zur Gesamtzahl der Stimmen bei den englischen Wahlen im Jahre 1891 nehmen. Wir haben die herauskommende Verteilungsreihe graphisch auf-

Fig. 8. Verhältnis der unionistischen Stimmen zur Gesamtzahl der Stimmen bei den englischen Wahlen 1891.

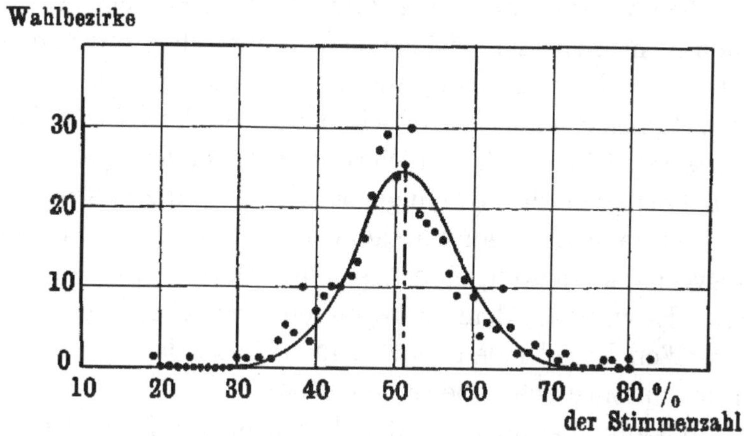

gezeichnet, indem für die Abszisse die Prozente der Stimmenzahl und für die Ordinate die zugehörigen Anzahlen von Wahlbezirken genommen sind. Für den zugrunde zu legenden typischen Wert ergibt sich $0,51 = 51$ Proz. und die drei Bestimmungen von h_i liefern:

$$h_1 = 0,09, \qquad h_2 = 0,11, \qquad h_3 = 0,12.$$

Die Verteilung, die sich nach der Gaußschen Funktion ergibt, ist durch die eingezeichnete Kurve angedeutet.

Die Übereinstimmung, die man hier erhält, darf man aber nicht so deuten, als ob die herauskommenden Prozentsätze der Stimmenzahl mit den Ziehungsverhältnissen des Urnenschemas direkt verglichen werden könnten. Die überhaupt möglichen Prozentsätze von 0 bis 100 Proz. entsprechen vielmehr alle einem nur zwischen sehr engen Grenzen schwankenden Ziehungsverhältnis. Es werden gar nicht mehr die Verhältniswerte als solche verglichen, sondern nur die herauskommenden Verteilungsreihen. Die Vergleichung wird damit viel äußerlicher. Wir vergleichen nicht mehr den wirklichen Vorgang selbst mit dem Vorgang bei den Ziehungen aus einer Urne. Wir versuchen nur, die aus dem Urnenschema theoretisch abgeleitete Verteilungsfunktion der wirklich beobachteten Verteilungsreihe anzupassen. Wir können höchstens die Vorgänge bei der Ziehung aus der Urne symbolisch fassen, indem wir sie als den Ausdruck für beliebige Zufallsvorgänge deuten, die wir so einer Berechnung zugänglich machen. Es würde in dem vorliegenden Beispiel etwa das Ziehen einer weißen Kugel einen sehr kleinen Ausschlag der Stimmen nach der unionistischen Seite bedeuten.

Man kann aber auch von der Herleitung der Formel aus dem Urnenschema, nachdem sie einmal gewonnen ist, völlig absehen und sich darauf beschränken, die Vorgänge zu suchen, die sich dieser Formel anpassen und damit einen gemeinsamen Charakter zeigen, den man definitionsmäßig als den des Zufälligen ansehen kann.

Sehr wichtig erscheinen hierbei zunächst die Fälle, wo die Gültigkeit der Gaußschen Verteilungsfunktion als eine physikalische Hypothese erscheint. Dies gilt vor allen Dingen für die Bewegungen der kleinsten Teile der Materie, zunächst der Moleküle. Die Bewegungen der Moleküle sind unbeobachtbar und daher ist eine unmittelbare Kontrolle durch die Erfahrung in diesem Falle unmöglich. Eine solche gelingt jedoch bei sehr kleinen, in einer Flüssigkeit suspendierten Teilchen, die den Molekularbewegungen ähnliche und, wie man glaubt, durch die Molekularbewegungen (nämlich die Stöße der Flüssigkeitsmoleküle auf die festen Teilchen) unmittelbar veranlaßte Bewegungen, die sogenannten Brownschen Bewegungen, ausführen. J. Perrin (Die Atome, deutsch von Lottermoser, Dresden und Leipzig 1914) hat in einem Falle die Verschiebungen der Teilchen in Zwischenräumen von 30 Zeitsekunden notiert und daraus folgende Tabelle gefunden, in der den beobachteten die nach der Gaußschen Verteilungsfunktion für die 500 Beobachtungen berechneten Anzahlen hinzugefügt sind. Der Wert von ε beträgt 1,96 Mikron.

Verschiebungen, die enthalten sind zwischen	Anzahl berechnet	Anzahl beobachtet
0 und ε	32	34
ε " 2ε	83	78
2ε " 3ε	107	106
3ε " 4ε	105	103
4ε " 5ε	75	75
5ε " 6ε	50	49
6ε " 7ε	27	30
7ε " 8ε	14	17
8ε " ∞	7	9

Die Tabelle ist zugleich lehrreich dafür, welche Übereinstimmung man erwarten darf, wo die Gültigkeit der Gaußschen Verteilungsfunktion von vornherein so gut wie sicher ist [1]). Ein weiteres besonders hervorragendes Beispiel besteht in der Messung der Körperlänge erwachsener Personen. Hierfür hat Pearson [2]) ausgezeichnetes Material in den Messungen der Körpergröße von 25 875 Rekruten der Armee der Vereinigten Staaten angeführt. Die Körpergrößen sind in Zoll und daneben die Anzahlen der Rekruten von der betreffenden Größe angeführt.

Wir beginnen damit, daß wir den Mittelwert auf die drei angegebenen Weisen bestimmen. Wir finden dann mit ziemlich genauer Übereinstimmung den Mittelwert oder Normalwert

$$y_0 = 66,7.$$

Hierauf berechnen wir die Größe h nach den angegebenen drei

---

[1]) Man vergleiche des weiteren L. v. Bortkewitsch, Die radioaktive Strahlung als Gegenstand wahrscheinlichkeitstheoretischer Untersuchungen, Berlin 1913.

[2]) Man vgl. die Aufsätze von Pearson in den Transactions of the Royal Society 1894 bis 1903 (Vol. 185 bis 198) und Philosophical Magazine 1900, 1901 (Vol. 50, 1), ferner seine Schrift The chances of death etc., London 1897. Daneben ist es interessant, die Arbeiten von Edgeworth einzusehen, besonders Journal of the Royal Statistical Society, Vol. 60 bis 62 (1897 bis 1899), und als besondere Schrift unter dem Titel The representation of Statistics by mathematical formulae, London 1900. An zusammenfassenden Darstellungen kann man außer den bereits angeführten etwa vergleichen King, Elements of statistical method, New York u. London, Macmillan, Davenport, Statistical Methods, New York, Wiley & Son. Ferner die Schriften von Westergaard, Grundzüge der Theorie der Statistik, Jena 1890, Lehre von der Mortabilität und Morbidität, 2. Aufl. 1901. Unter den Lehrbüchern der Wahrscheinlichkeitsrechnung hat besonders das von Czuber (Leipzig 1902) die statistischen Anwendungen ausführlich behandelt.

Körpergröße	Anzahl	Körpergröße	Anzahl
78–77	2	64–63	1947
77–76	6	63–62	1237
76–75	9	62–61	526
75–74	42	61–60	50
74–73	118	60–59	15
73–72	343	59–58	10
72–71	680	58–57	6
71–70	1485	57–56	7
70–69	2075	56–55	3
69–68	3133	55–54	1
68–67	3631	54–53	2
67–66	4054	53–52	1
66–65	3475	52–51	1
65–64	3019		

Methoden und finden so

$$h_1 = 0,27, \qquad h_2 = 0,27, \qquad h_3 = 0,28.$$

Wir erhalten dann das Bild, das in Fig. 9 auf der folgenden Seite dargestellt ist. Die Übereinstimmung ist recht gut, so daß wir in der Tat annehmen können, daß die Verteilung der Körpergrößen erwachsener Personen dem Gaußschen Verteilungsgesetz folgt. Dagegen haben Messungen an gleichaltrigen Kindern gezeigt, daß die Verteilung bei nicht erwachsenen Personen eine andere, nämlich eine wesentlich unsymmetrische ist, indem ein Zurückbleiben des Wachstums gegen den normalen Wert häufiger als ein Vorauseilen ist.

Die Auffassung, daß man in dem Gaußschen Verteilungsgesetz das Symptom für eine auf bloßen Zufälligkeiten beruhende Verteilung zu sehen habe, ist lange Zeit durchaus herrschend gewesen. Ihr ist z. B. Quételet durchaus gefolgt, sie findet sich auch in dem englischen Werke von Venn, The logic of chance (London 1876) konsequent vertreten. Diese Ansicht ist aber, wie wir gesehen haben, weder in dem Sinne richtig, daß, wo die Verteilung mit hinreichender Annäherung dem Gaußschen Verteilungsgesetz folgt, die Abweichungen bestimmt in jedem einzelnen Falle nur auf Zufälligkeiten beruhen, noch in dem Sinne, daß sich immer die Gaußsche Verteilungsfunktion ergibt, wo wir zufällige Schwankungen anzunehmen haben. Dies geht aus der Verallgemeinerung hervor, die wir an das Urnenschema angeknüpft haben, indem wir annahmen, daß erst durch das Los bestimmt wird, aus welcher von mehreren vorhandenen Urnen gezogen wird. Wir haben dabei im Gegensatz zu der Symmetrie der Gaußschen Verteilungsfunktion eine wesentlich unsymmetrische Verteilung gefunden, und es scheint von Interesse, auch dafür ein Beispiel zu finden.

Der einfachste Fall, den wir hierbei annehmen können, ist der, wo nur zwei Urnen vorhanden sind, wo also nur zwei Wahrscheinlichkeiten w_1 und w_2 dafür, daß aus der einen oder anderen Urne gezogen wird, in Betracht kommen. Die Relation $w_1 + w_2 = 1$ kommt weiter nicht in Frage, da noch mit einer Konstanten c multipliziert werden muß. Wir können dann (indem wir $c_1 = cw_1$, $c_2 = cw_2$ setzen) die Verteilungsfunktion schreiben:

$$(10) \qquad \Phi(z) = \frac{c_1 h_1}{\sqrt{\pi}}\, e^{-h_1^2(z-u_1)^2} + \frac{c_2 h_2}{\sqrt{\pi}}\, e^{-h_2^2(z-u_2)^2}.$$

Für diese Verteilungsfunktion wollen wir, wiederum nach

Fig. 9.

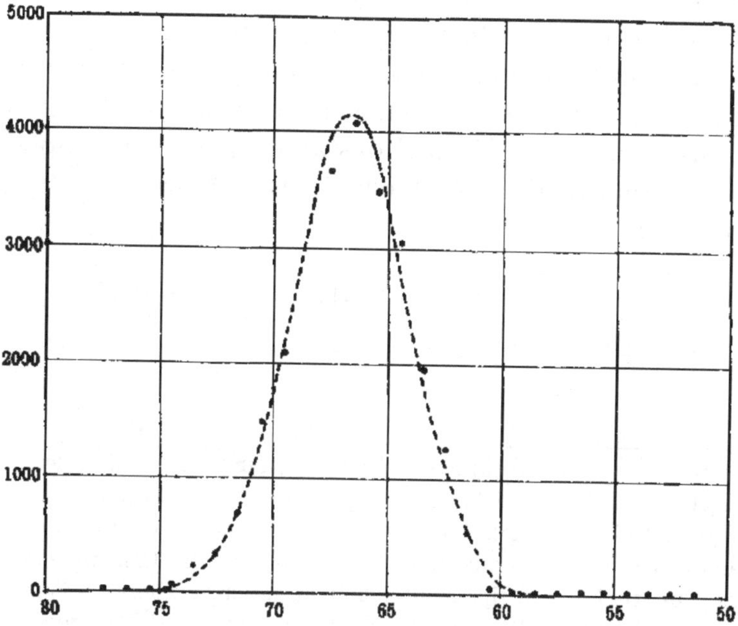

P e a r s o n, ein Beispiel geben. Dieses Beispiel hat eine gewisse Berühmtheit erlangt, weil es den Ausgangspunkt weitergehender Untersuchungen gebildet hat. Wenn eine solche Streuung wie die angeführte besteht, so liegt der Fall genau so, als ob die beobachteten Individuen aus zwei Gattungen gemischt seien, für deren Verteilung einzeln die gewöhnliche G a u ß sche Verteilungsfunktion gilt. Man beobachtet nun eine entsprechende Verteilung bei biologischen Individuen auch dann, wenn nicht sie selbst, wohl aber ihre Vorfahren aus zwei verschiedenen Arten gemischt sind. Es wird also das Bestehen einer solchen Verteilung das Kennzeichen für eine stattgefundene Bastardierung.

Das Beispiel, das wir geben wollen, bezieht sich auf die „Stirnbreite“ von 1000 Krabben aus dem Golf von Neapel. Die zugrunde liegende Tabelle ist die auf folgender Seite.

Um die in der graphischen Darstellung (Fig. 10) eingezeichnete Kurve zu erhalten, die sich den beobachteten Werten möglichst anschmiegt, sind für die Konstanten in der Formel folgende Werte genommen (für den Durchschnittswert ist $z = 0$, woraus $-c_1 u_1 = c_2 u_2$):

$$c_1 = 414,5, \qquad u_1 = -3,517, \qquad h_1 = 0,159,$$
$$c_2 = 585,5, \qquad u_2 = 2,490, \qquad h_2 = 0,228$$ [1]).

---

[1]) Außer den hier angeführten Verteilungsfunktionen, die alle auf die Gaußsche Funktion zurückgehen, gibt Pearson (Transactions of the Royal Society, London 1895) noch eine Anzahl anderer an, die er ebenfalls an das Urnenschema anknüpft. Es wird hierbei das Urnenschema aber nur als heuristisches Prinzip benutzt, indem in der abgeleiteten Formel die Grenzen, in denen die Konstanten bleiben müssen, und notwendige Voraussetzungen, die bei der Ableitung zu machen sind, außer acht gelassen werden. Dieses Verfahren ist gewiß berechtigt, wenn es sich um nichts anderes handelt als darum, passende Annäherungsfunktionen für die empirisch gefundenen Verteilungen zu gewinnen. Es ist dann die Aufgabe, an möglichst zahlreichen Beispielen die angesetzten Funktionen zu erproben. In dieser Hinsicht ist eine Durchsicht der Zeitschrift Biometrika, A Journal for the statistical study of biological problems (Cambridge, seit 1901, herausgegeben von Weldon, Pearson, Davenport und Galton) zu empfehlen, in deren ersten Bänden sich zahlreiche solche Beispiele finden. Durch die Art aber, wie die Pearsonschen Untersuchungen auch in der letzten Zeit (z. B. bei Forcher, Die statistische Methode, Leipzig 1913) wiedergegeben worden sind, wird nur zu leicht der Anschein erweckt, als ob es sich um eine wirkliche Ableitung der entstehenden Verteilungen aus dem Urnenschema handle. Die Darstellung bei Fechner (Kollektivmaßlehre,

Maß-zahlen	Anzahl Individuen
1	1
2	3
3	5
4	2
5	7
6	10
7	13
8	19
9	20
10	25
11	40
12	31
13	60
14	62
15	54
16	74
17	84
18	86
19	96
20	85
21	75
22	47
23	43
24	24
25	19
26	9
27	5
28	—
29	1
30	—

Fig. 10.

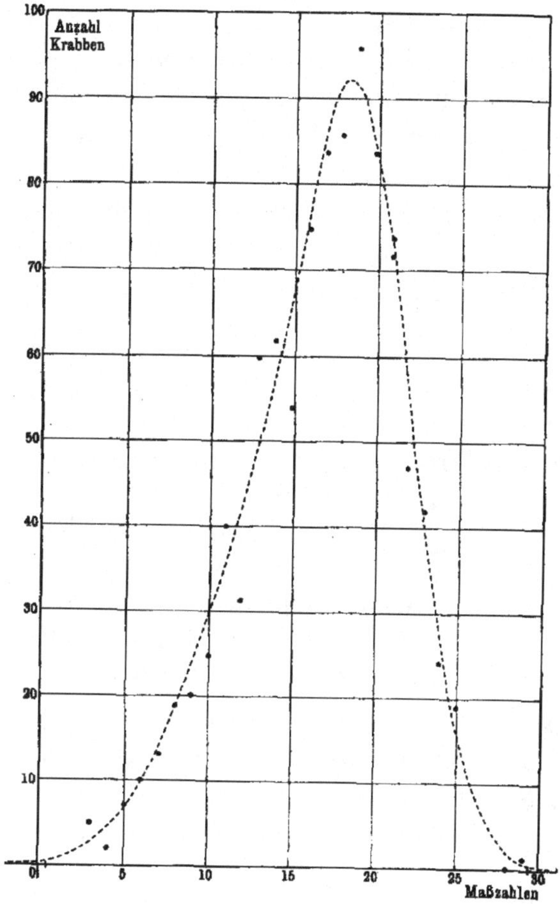

Es bleibt noch übrig, die Anwendung der Formel, die für verhältnismäßig seltene Ereignisse gilt, durch ein Beispiel zu erläutern. L. v. Bortkewitsch hat in seiner Schrift Das Gesetz der kleinen Zahlen (Leipzig 1898) die Bedeutung dieser Formel besonders hervorgehoben. Es erscheint beinahe a priori einleuchtend, daß die störenden Einwirkungen, die sonst das Zustandekommen einer regulären Verteilung verhindern, indem in den einzelnen verglichenen Bezirken verschiedene Verhältnisse obwalten, sich am wenigsten geltend machen, wenn an den verschiedensten Stellen durch ein verhältnismäßig seltenes Ereignis einzelne Fälle, sozusagen Stichproben, herausgegriffen werden.

Wir hatten gesehen, daß in diesem Falle die Formel gilt:

$$\varphi_p = \frac{m^p e^{-m}}{p!}, \tag{11}$$

wobei die Beziehungen bestehen müssen:

$$\sum \varphi_p = 1,\ m = \sum p\varphi_p,\ m' = \sum (p-m)^2 \varphi_p,\ m' = m. \tag{12}$$

Es ist zunächst zu prüfen, ob diese Beziehungen erfüllt sind. Wir wollen nun hierfür ein Beispiel nehmen und wählen mit Bortkewitsch die Anzahl der Soldaten, die während der Jahre 1875 bis 1894 innerhalb der Armeekorps II bis V, VII bis X, XIV und XV des preußischen Heeres durch Hufschlag eines Pferdes getötet wurden. Die einzelnen Zahlen p_i usw. bedeuten dann die innerhalb eines Armeekorps während eines Jahres Getöteten.

---

herausgegeben von G. F. Lipps, Leipzig 1899), der auf andere Weise eine Verallgemeinerung der Gaußschen Funktion anstrebt, ist darin durchsichtiger.

Es ergeben sich dabei:

	0	1	2	3	4	5 und mehr Getötete
in	109	65	22	3	1	0 Fällen,

und daraus folgt der Wert

$$m = \frac{65 \cdot 1 + 22 \cdot 2 + 3 \cdot 3 + 4 \cdot 1}{200} = 0,61.$$

Übereinstimmend damit ergibt sich auch für m' der Wert $0,61$. Rechnet man nun mit Hilfe des Ausdruckes

$$z_0 \frac{m^p}{p!}$$

die zu erwartenden Häufigkeiten von p Todesfällen aus, indem man z_0 (die Häufigkeit für $p = 0$) daraus bestimmt, daß die Summe aller Häufigkeiten gleich 200 sein muß, woraus

$$z_0 = 200 \cdot e^{-m}$$

folgt, so findet man statt der obigen Werte die Zahlen:

$$109 \qquad 66 \qquad 20 \qquad 4 \qquad 1 \qquad 0.$$

Die Übereinstimmung ist außerordentlich gut. Daß sie auf einem bloßen Zufall beruht, ist nicht anzunehmen. Vielmehr haben wir uns zu denken, daß alle örtlichen und zeitlichen Besonderheiten, die sonst als systematische Abweichungen hervortreten, dadurch unwirksam werden, daß eine rein zufällige Auswahl durch das betrachtete seltene Ereignis getroffen wird und daß wir deswegen annähernd dieselben Verhältnisse haben müssen, wie sie bei der Begründung aus dem Urnenschema vorausgesetzt werden[1]).

---

[1]) An kurz zusammenfassenden Darstellungen mit reichen Literatur-

angaben vgl. man den Artikel von Bortkiewicz, Anwendungen der Wahrscheinlichkeitsrechnung auf Statistik, Enzyklopädie der math. Wissenschaften, Bd. I, 2. Teil, Leipzig 1900–1904, Czuber, Die Entwickelung der Wahrscheinlichkeitstheorie und ihrer Anwendungen, Jahresbericht der Deutschen Math.-Ver., Bd. VII, Leipzig 1899, ferner die Artikel Geschlechtsverhältnis der Geborenen und Gestorbenen (v. Mayr), Gesetz (Lexis), Sterblichkeit (v. Bortkiewicz) im Handwörterbuch der Staatswissenschaften von Lexis und Elster.

Zehntes Kapitel.

Die genetische Theorie des Zufalls.

Die statistische Theorie des Zufalls offenbart einen gemeinschaftlichen Charakter in der Verteilung der statistischen Ergebnisse bei solchen Ereignissen, die wir als zufällige anzusehen gewohnt sind. Wir erhalten aber keinen unmittelbaren Aufschluß darüber, wie wir uns das Zustandekommen einer solchen Verteilung in der Wirklichkeit denken können. Es bleibt daher das Bedürfnis bestehen, sozusagen in den inneren Mechanismus des Geschehens einzudringen und sich klar zu machen, wie die als typisch für die Zufallsereignisse angesehene Verteilung auch auf einer inneren Übereinstimmung der in Betracht kommenden Ereignisse beruht.

Als die am sichersten als zufällig zu bezeichnenden Ereignisse gelten nun die Ereignisse, die in dem Begehen eines bestimmten Beobachtungsfehlers bei sehr sorgfältig ausgeführten Beobachtungen bestehen, d. h. sich der in der Abweichung der in der gleichen Weise und mit der gleichen Sorgfalt bestimmten Werte voneinander kundgeben. Für diese Fehler hat die Erfahrung mit hinreichender Gewißheit die Geltung des sogenannten Gaußschen Fehlergesetzes, das durch die Funktion

$$\varphi(x) = \frac{h}{\sqrt{\pi}}\, e^{-h^2 x^2}$$

geliefert wird, ergeben.

Man kann es nun als die Aufgabe hinstellen, eine Erklärung dafür zu suchen, wie dieses eigentümliche Gesetz für die Verteilung der Fehler zustande kommt.

Der Astronom Bessel ist der erste gewesen, der diese Frage zu beantworten gesucht hat (Untersuchungen über die Wahrscheinlichkeit der Beobachtungsfehler, Astron. Nachrichten, Bd. 15, 1838). Er dachte sich, daß jeder Fehler das Resultat des Zusammentreffens einer großen Anzahl von Elementarfehlern ist, die einzeln bestimmten Fehlerquellen entstammen. Die einfachste Annahme ist dabei die, die Elementarfehler alle als dem absoluten Betrag nach gleich vorauszusetzen, etwa gleich e, und weiter zu sagen, jeder einzelne Elementarfehler gehe gleich oft mit dem positiven und dem negativen Vorzeichen in das Resultat ein. Dieses Resultat entspricht dann einer bestimmten Vorzeichenkombination der Elementarfehler. Man kann diesen Vorgang sehr einfach auf das Urnenschema zurückführen, indem man eine Urne voraussetzt, in der gleich viele schwarze und weiße Kugeln gemischt enthalten sind. Das Ziehen einer weißen Kugel bedeutet denn das Begehen des Elementarfehlers $+e$, das Ziehen einer schwarzen Kugel das Begehen des Elementarfehlers $-e$. Wenn nun eine große Anzahl $n = p + q$ Male eine Kugel aus der Urne gezogen ist, so wird, wenn hierbei p mal eine weiße und q mal eine schwarze Kugel gefunden wurde,

$$x = (p - q)e$$

der begangene Gesamtfehler.

Die relative Häufigkeit dieses Gesamtfehlers wird

$$\frac{(p+q)!}{p!\,q!}\left(\frac{1}{2}\right)^p\left(\frac{1}{2}\right)^q$$

oder wenn man

$$p = \frac{n}{2} + u, \quad q = \frac{n}{2} - u$$

setzt,

$$w_u = \frac{n!}{\left(\frac{n}{2} + u\right)!\left(\frac{n}{2} - u\right)!} \cdot \left(\frac{1}{2}\right)^n.$$

Es handelt sich nun darum, hierfür einen Näherungswert zu finden, indem man n sehr groß und u als verhältnismäßig klein gegen n annimmt.

Wir bilden zu dem Zweck

$$\frac{w_u}{w_{u-1}} = \frac{\frac{n}{2} - u}{\frac{n}{2} + u},$$

dividieren Zähler und Nenner dieses Bruches durch $\frac{1}{2}n$ und setzen

$$2\frac{u}{n} = z,$$

dann wird

$$\frac{w_u}{w_{u-1}} = \frac{1 - z}{1 + z}.$$

Wir erhalten also, indem wir weiter setzen

$$z = \frac{x}{ne},$$

woraus

$$x = 2ue,$$

da z ein sehr kleiner Bruch ist,

$$\frac{w_u - w_{u-1}}{w_u} = -\frac{2z}{1-z} = -2z = -\frac{2x}{ne},$$

also, wenn wir berücksichtigen, daß

$$w_u = \varphi(x) \quad \text{und demnach} \quad \frac{w_u - w_{u-1}}{w_u} = d\ln\varphi(x)$$

wird,

$$d\ln\varphi(x) = -\frac{2x}{ne},$$

ferner $dx = 2e$, da einer Vermehrung von u um 1 eine Vermehrung von x um $2e$ entspricht, und somit schließlich

$$\varphi(x) = Ce^{-h^2x^2}$$

entsprechend dem ursprünglichen Ansatz, wenn wir noch $h = \frac{1}{\sqrt{2ne}}$ machen.

Es ist aber wichtig, sich von der Besselschen Annahme frei zu machen, daß jede Fehlerquelle nur Fehler von bestimmtem absoluten Betrage liefern könne, und dafür die allgemeinere Voraussetzung einzuführen, daß jede Fehlerquelle

1. gleich große positive und negative Fehler mit gleich großer relativer Häufigkeit ergebe und
2. nur sehr kleine Fehler, aber
3. innerhalb gewisser Grenzen jeden beliebigen Fehler liefern könne[1]).

---

[1]) Vgl. Crofton, On the proof of the law of errors of observations, Philosophical Transactions, Vol. 159 (1869), Artikel Probability, Encyclopaedia Britannica, 9. ed., Vol. 19 (1885).

Sogar von der Voraussetzung 1. können wir, wie wir sehen werden, Abstand nehmen.

Wir nehmen an, die Aufgabe sei bereits gelöst, wenn die Zahl der Fehlerquellen n beträgt. Man habe die Fehlerfunktion gefunden, die durch das Zusammenwirken dieser n Fehlerquellen entsteht, und man nenne diese Fehlerfunktion $\varphi_n(x)$. Dann komme noch eine Fehlerquelle hinzu, zu der die Fehlerfunktion $\Theta_{n+1}(x)$ gehöre, und man suche die nun entstehende neue Fehlerfunktion $\varphi_{n+1}(x)$ zu bestimmen. Wir haben dann, da, wenn die letzte Fehlerquelle den Fehler u liefert, die übrigen Fehlerquellen den Fehler $x-u$ liefern müssen, damit der Gesamtfehler x werde,

$$\varphi_{n+1}(x) = \int_{-r}^{+r} \varphi_n(x-u)\Theta_{n+1}(u)\,du,$$

wo $+r$ und $-r$ die Extremwerte sind, bis zu denen die Argumente der Funktion $\Theta_{n+1}(u)$ reichen.

Wir entwickeln unter dem Integralzeichen $\varphi_n(x-u)$ nach dem Taylorschen Lehrsatze, und finden

$$\varphi_{n+1}(x) = \int_{-r}^{+r} \left[\varphi_n(x) - u\varphi_n'(x) + \tfrac{1}{2}u^2\varphi_n''(x)\right]\Theta_{n+1}(u)\,du.$$

Die höheren Potenzen von u können wir vernachlässigen.

Es ist nun

$$\int_{-r}^{+r} \Theta_{n+1}(u)\,du = 1,$$

und setzen wir ferner

$$\int_{-r}^{+r} u\Theta_{n+1}(u)\,du = j_{n+1}, \qquad \int_{-r}^{+r} u^2\Theta_{n+1}(u)\,du = k_{n+1},$$

so wird jetzt

$$\varphi_{n+1}(x) = \varphi_n(x) - j_{n+1}\varphi_n'(x) + \tfrac{1}{2}k_{n+1}\varphi_n''(x).$$

Wir erkennen daraus, daß es gleichgültig ist, welche Form wir der Funktion $\Theta_{n+1}(u)$ geben, wenn sie nur die richtigen Werte von j_{n+1} und k_{n+1} liefert. Wir wollen deshalb insbesondere für die Funktion den Ansatz machen:

$$\Theta_{n+1}(u) = \frac{\lambda_{n+1}}{\sqrt{\pi}}\, e^{-\lambda_{n+1}^2(u-u_{n+1})^2},$$

es ergibt sich dann:

$$j_{n+1} = \int_{-r}^{+r} u\Theta_{n+1}(u)\,du = u_{n+1},$$
$$k_{n+1} = \int_{-r}^{+r} u^2\Theta_{n+1}(u)\,du = \frac{1}{2\lambda_{n+1}^2} + u_{n+1}^2.$$

Wir können nun bestätigen, daß unter dieser Voraussetzung für die Verteilungsfunktion sich ebenfalls die Form

$$\varphi_n(x) = \frac{h_n}{\sqrt{\pi}}\, e^{-h_n^2(x-x_n)^2}$$

ergibt. Wir zeigen dies, indem wir nachweisen, daß durch das Hinzutreten einer neuen Fehlerquelle sich diese Form nicht ändert. Da diese Form aber für e i n e Fehlerquelle als gültig angenommen werden kann, gilt sie nach dem Bewiesenen dann auch für zwei, weiter für drei, vier usw. Fehlerquellen und damit allgemein.

Setzen wir also voraus, in der Formel

$$\Theta_{n+1}(x) = \int_{-r}^{+r} \varphi_n(x-u)\Theta_{n+1}(u)\,du$$

seien die obigen Ausdrücke für $\varphi_n(x-u)$ und $\Theta_{n+1}(u)$ eingesetzt, dann wird, wenn wir noch für die Grenzen $-r$ und $+r$ $-\infty$ und $+\infty$ schreiben,

$$\varphi_{n+1}(x) = \int_{-\infty}^{+\infty} ce^{-h_n^2(x-u-x_n)^2}\, e^{-\lambda_{n+1}^2(u-u_{n+1})^2}\, du,$$

wo c eine Konstante ist. Die beiden Potenzen von e vereinigen sich zu einer einzigen, deren Exponent

$$\begin{aligned}
&= -h_n^2(x-u-x_n)^2 - \lambda_{n+1}^2(u-u_{n+1})^2 \\
&= -(h_n^2+\lambda_{n+1}^2)u^2 + 2\big[h_n^2(x-x_n) + \lambda_{n+1}^2 u_{n+1}\big]u \\
&\qquad\qquad - \big[h_n^2(x-x_n)^2 + \lambda_{n+1}^2 u_{n+1}^2\big] \\
&= -(h_n^2+\lambda_{n+1}^2)(u-u_n')^2 - \frac{\lambda_{n+1}^2 h_n^2}{h_n^2+\lambda_{n+1}^2}(x-x_n-u_{n+1})^2
\end{aligned}$$

ist, wenn

$$u_n' = \frac{h_n^2(x-x_n) + \lambda_{n+1}^2 u_{n+1}}{h_n^2+\lambda_{n+1}^2}$$

gesetzt wird. Hieraus folgt:

$$\varphi_{n+1}(x) = Ce^{-\frac{\lambda_{n+1}^2 h_n^2}{h_n^2+\lambda_{n+1}^2}(x-x_n-u_{n+1})^2},$$

wo C eine neue Konstante ist.

Setzen wir mithin

$$\varphi_{n+1}(x) = Ce^{-h_{n+1}^2(x-x_{n+1})^2},$$

so wird

$$\frac{1}{h_{n+1}^2} = \frac{1}{h_n^2} + \frac{1}{\lambda_{n+1}^2}, \qquad x_{n+1} = x_n + u_{n+1}.$$

Also ist

$$(1) \qquad \frac{1}{h_n^2} = \frac{1}{\lambda_1^2} + \frac{1}{\lambda_2^2} + \cdots + \frac{1}{\lambda_n^2}$$

und

$$(2) \qquad x_n = u_1 + u_2 + \cdots + u_n.$$

Nun ist, wie wir oben (S. 158) gefunden hatten,

$$(3) \qquad u_i = \int_{-\infty}^{+\infty} u\Theta_i(u)\,du.$$

Also wird u_i der Mittelwert, um den sich die aus der $i$ten Fehlerquelle fließenden Fehler gruppieren, und die resultierende Fehlerfunktion ist auf einen Mittelwert bezogen, der die Summe aus den Mittelwerten aller einzelnen Fehlerquellen ist. Diesen Wert können wir als den systematischen Fehler der Beobachtungen ansehen.

Ferner ergibt sich:

$$(4) \qquad \frac{1}{2\lambda_i^2} = \int_{-\infty}^{+\infty} (u-u_i)^2\Theta_i(u)\,du,$$

also gleich dem Quadrat μ_i^2 des mittleren zufälligen Fehlers bei der $i$ten Fehlerquelle, und wir finden für den mittleren Fehler μ bei der resultierenden Fehlerfunktion:

$$\mu^2 = \mu_1^2 + \mu_2^2 + \cdots + \mu_n^2. \tag{5}$$

Die Resultate, die wir so für den besonderen Fall gefunden haben, wo die zugrunde gelegte Messungsreihe aus verschiedenen Messungen einer und derselben physikalischen Größe besteht, lassen sich auch sofort auf den Fall übertragen, wo eine Reihe an verschiedenen Objekten ausgeführter Beobachtungen in ihrer Verteilung der Gaußschen Funktion folgt. Wir finden, daß eine solche Verteilung entstehen muß, wenn die an den Objekten beobachteten Verschiedenheiten auf zufälligen Abweichungen von einem bestimmten Normaltypus beruhen, d. h. wenn eine große Anzahl an sich sehr geringfügiger und voneinander unabhängiger Umstände zusammenwirken, um die beobachtete Abweichung zu erzeugen.

In diesem Sinne könnten wir von einem objektiven Zufalle sprechen, der Zufall würde dann in dem Zusammentreffen einer großen Anzahl von Umständen bestehen, die untereinander in keiner unmittelbaren kausalen Beziehung stehen, und deren Zusammentreffen den beobachteten Erfolg herbeiführt.

Hierdurch wird der Bereich des Zufälligen aber außerordentlich eingeschränkt, denn gerade daß eine große Menge von gegenseitig unabhängigen Einzelumständen zusammentreffen soll, scheint in der Wirklichkeit selten erfüllt. Wohl findet man, wenn man ein Zufallsereignis in den Einzelheiten seines Zustandekommens verfolgt, eine Reihe von Umständen, die zusammen das Ereignis hervorgerufen haben, aber diese Umstände stehen nicht außer Zusammenhang, sie bilden vielmehr die Glieder in wenigen Ketten von kausalen Zusammenhängen. Meistens wird man sogar nur zwei solcher Ketten feststellen können. So wird man, um auf das Beispiel des von einem herabfallenden Ziegel getöteten Passanten zurückzukommen, die zwei Ketten von Ursache und Wirkung verfolgen, die auf der einen Seite das Vorübergehen des Menschen gerade an dieser Stelle und auf der anderen Seite das Herabfallen des Ziegels gerade zu dieser Zeit erklären. Damit aber wird die Anwendung der in diesem Kapitel angestellten Analyse, wie es scheint, in den meisten Fällen illusorisch. Es soll diese Analyse jedoch auch gar nicht eine allgemeine genetische Erklärung der Zufallsereignisse geben. Sie liefert nur ein Beispiel dafür, wie die für die Zufallsereignisse typische Verteilung zustande kommen kann. Dieses Beispiel ist deshalb von besonderer Bedeutung, weil die gegebene Erklärung in einem sehr wichtigen Falle, nämlich bei gleich sorgfältigen Beobachtungen einer und derselben physikalischen Größe, tatsächlich zu stimmen scheint. Daß die typische Verteilung auch auf ganz andere Art zustande kommen kann, lehrt schon das Beispiel der Urnenziehungen. Es ist gerade das Merkwürdige an der Gaußschen Verteilungsfunktion, daß sie sich auf ganz verschiedene, anscheinend voneinander völlig unabhängige Arten ergibt.

Wenn wir nun zum Schluß die Ergebnisse unserer Betrachtungen kurz zusammenfassen, so ist der Gewinn, den wir erzielt haben, nicht darin zu suchen, daß die Auffassung des einzelnen zufälligen Ereignisses eine Vertiefung erfahren hat. Dagegen haben wir gesucht, den Nachweis zu führen, daß auch die zufälligen Ereignisse nicht die Regelmäßigkeit und Ordnung des allgemeinen Geschehens durchbrechen, daß vielmehr auf eine bestimmte Weise bei diesen zufälligen Ereignissen ein Ausgleich stattfindet für das, was sie als störendes Element in die Gesetzmäßigkeit des Geschehens hineintragen.

Hierin liegt an sich nichts Neues und Überraschendes, vielmehr etwas nahezu Selbstverständliches. Wir brauchen ja bloß zu bedenken, daß die Vorgänge in den kleinsten Teilen der Materie als Zufallsereignisse anzusehen sind, und daß sonach, wofern überhaupt in dem physikalischen Geschehen eine Regelmäßigkeit zu erkennen sein soll, diese auf einem Ausgleich der Zufälligkeiten in den Veränderungen der kleinsten Elemente beruhen muß. Wir verlassen uns auf diesen Ausgleich wie auf ein Naturgesetz, z. B. ist der sogenannte zweite Hauptsatz der mechanischen Wärmetheorie, nämlich der Satz, daß die Wärme nicht von selbst vom kälteren zum wärmeren Körper strömt, nichts wie ein Ausdruck für den Ausgleich, der in den molekularen Bewegungen stattfindet. Es ist aber wichtig, sich klar bewußt zu sein, daß hiermit ein neues Moment in die Naturerklärung hineingetragen wird, das von anderer Art ist wie die eine regelmäßige kausale Verknüpfung aussagenden Naturgesetze. Das Wesentliche an allen zufälligen Ereignissen ist eben das, daß sie allein aus der Regelmäßigkeit kausaler Verknüpfungen nicht zu erklären sind. Wenn daher sich in der Gesamtheit der Zufallsereignisse einer bestimmten Gruppe eine Regelmäßigkeit wiederfindet, so ist diese von anderer Art als die kausalen Zusammenhänge, und die Voraussetzung einer unverbrüchlichen Kausalität in allem Naturgeschehen mag wohl aufrecht erhalten werden, sie reicht allein aber nicht hin, um die Regelmäßigkeit des Weltgeschehens vollständig zu erklären. Es gehört vielmehr die Tatsache hinzu, die wir als das Gesetz der großen Zahlen bezeichnen und die bewirkt, daß die Unregelmäßigkeiten, die sonst durch die zufälligen Ereignisse in die Welt hineingetragen würden, in dem

Gesamtergebnis doch wieder verschwinden.

Wenn wir diese Elimination des Zufalls als eine allgemeine Tatsache hinstellen, so müssen wir uns bewußt sein, daß wir für diese Tatsache keine bestimmte Erklärung geben können, daß wir sie vielmehr nur insoweit behaupten können, wie sie uns durch die Erfahrung bestätigt wird. Unser Verstand sträubt sich allerdings dagegen, ein so allgemeines Prinzip nur deshalb anzunehmen, weil hier und dort seine Richtigkeit bezeugt wird, vielmehr drängt er dahin, auch einen inneren Grund für einen solchen Ausgleich zu finden. Ein solcher innerer Grund läßt sich aber nicht ermitteln. Würden wir zu ihm gelangen können, so müßte uns eine Einsicht in den Mechanismus des Geschehens zu Gebote stehen, wie wir sie nicht haben. Was uns gegeben ist, sind die einzelnen Erfahrungen. Nur indem wir diese zusammenhalten, miteinander vergleichen, Gleichartiges zusammenschließen und die dabei sich herausstellenden regelmäßigen Zusammenhänge aufdecken, gelangen wir dazu, das zu erreichen, was wir eine Erklärung des Naturgeschehens nennen. Auf diesem Wege können wir aber nicht den Ausgleich erklären, der in dem Gesetz der großen Zahlen ausgedrückt sein soll.

Deshalb müssen wir uns damit begnügen, diesen Ausgleich, indem wir seine Wirklichkeit von vornherein voraussetzen, in seinen einzelnen Erscheinungsformen selbst zu verfolgen. Auf diese Weise kann natürlich die Tatsache des Ausgleichs, weil wir sie von Anfang an vorausgesetzt haben, nicht erst erklärt werden. Wir können aber diese Tatsache uns sozusagen näher bringen, indem wir solche Vorgänge herausgreifen, über deren inneren Charakter wir glauben von vornherein Klarheit zu haben. Diese Vorgänge sind die Glücksspiele, und unter den Glücksspielen wählten wir noch insbesondere einen typischen Vorgang aus, der in den Ziehungen aus einer Urne besteht. Alle Ergebnisse, die aus diesen typischen Vorgängen gewonnen werden und die sich in der Ableitung gewisser Formeln für die bei häufiger Wiederholung des Vorganges zu erwartenden statistischen Ergebnisse vollenden, können auf andere Vorgänge, deren inneres Zustandekommen unserer Beobachtung verschlossen ist, nur so angewendet werden, daß wir die statistischen Ergebnisse vergleichen. Das ist es, was wir als die statistische Methode bezeichnet haben.

Welches Recht haben wir nun, Ereignisse, deren Verteilung mit der aus dem Urnenschema folgenden Verteilung eine gewisse Übereinstimmung zeigt, auch innerlich als gleichartig anzusehen? Dadurch, daß wir überhaupt über die innere Natur eines Vorganges urteilen, gehen wir aus dem rein phänomenologischen Gebiet in das ontologische Gebiet über. Die innere Natur eines Vorganges, das eigentliche Warum und Wieso liegt außerhalb des Bereiches der bloßen Erfahrung. Was uns dazu hinführt, sind im Grunde immer Analogieschlüsse. Auf das Bedenkliche solcher Schlüsse braucht nicht besonders hingewiesen zu werden. Die Analogie verführt uns nur zu leicht, aus einer gefundenen Übereinstimmung in einzelnen Punkten eine Übereinstimmung auch in anderen Punkten zu erschließen, ohne daß dieser Schluß logisch zwingende Kraft hätte.

Trotzdem können wir ohne solche Analogieschlüsse nicht auskommen. Sie sind es im wesentlichen, die uns die Dinge als begreiflich erscheinen lassen. Das bloße Sammeln und Ordnen von Erfahrungen würde uns unbefriedigt lassen. Wir würden das innere Band vermissen. Dieses Band eben finden wir häufig durch Analogieschlüsse. So beruht z. B. der Kraftbegriff, durch den uns die physikalischen Vorgänge begreiflich erscheinen sollen, auf einer Analogie mit physiologischen Vorgängen, nämlich dem Gefühl der Anstrengung beim Heben einer Last, und daß uns die Dinge auf diese Weise innerlich begreiflich erscheinen, liegt daran, daß wir sie in Zusammenhang bringen mit persönlichen Empfindungen. Wir bringen sie uns „menschlich nahe“.

Etwas Ähnliches können wir nun auch in der Analyse der zufälligen Vorgänge finden. Auch hier ist es die persönliche Stimmung dem ungewissen Ereignis gegenüber, die das Verfahren bestimmt hat und aus der heraus man ein inneres Verstehen der Vorgänge zu erreichen geglaubt hat. Hierhin gehört es, wenn in der klassischen Wahrscheinlichkeitsrechnung die gleich möglichen Fälle dadurch definiert werden, daß wir keinen Grund haben, das Eintreten des einen eher als das Eintreten des anderen zu erwarten. Hierhin gehört es ferner, wenn angenommen wird, daß ein Ereignis, dessen mathematische Wahrscheinlichkeit der Einheit sehr nahe kommt, als gewiß angesehen werden kann, weil wir in unserem Leben fortwährend gezwungen sind, wegen der Unsicherheit aller unserer Lebensumstände als gewiß hinzunehmen, was im Grunde nur sehr wahrscheinlich ist. Die Analogie geht sogar tiefer, indem wir die Unentschiedenheit eines künftigen Ereignisses mit der Unentschiedenheit eines Menschen vergleichen, der zwischen zwei Möglichkeiten zu wählen hat. Wenn wir von dem blinden Zufall sprechen, so beruht dies darauf, daß die Entscheidung verglichen wird mit der Entscheidung eines Menschen, der eine Möglichkeit ohne Überlegung ergreift. Diese Eindeutung innerer Erlebnisse in die äußeren Vorgänge ist dem menschlichen Geiste durchaus natürlich, sie ist aber auch mit großen Gefahren verknüpft. Das tritt tatsächlich in der Geschichte der Wahrscheinlichkeitsrechnung deutlich zutage. Bei aller Großartigkeit der Entwickelung krankt z. B. das Werk von

Laplace daran, daß der Bereich des Ungewissen ohne eine sichere empirische Grundlage allein aus dem Denken heraus mit Hilfe der mathematischen Rechnung einer bestimmten Analyse unterworfen werden soll. Rein äußerlich gibt sich das darin zu erkennen, daß zu viel mathematische Entwickelungen und zu wenig statistisches Material gegeben wird. Die mathematische Ableitung ist aber nur ein formales Hilfsmittel. Aus ihr allein läßt sich keine reale Erkenntnis schöpfen, wenn sie nicht mit wirklicher Beobachtung gepaart wird. Es werden daher bei Laplace eigentlich nur Methoden gegeben, ohne daß überhaupt feststeht, wie weit diese Methoden sich auf Probleme der Wirklichkeit überhaupt anwenden lassen. Wo solche Anwendungen aufzutreten scheinen, beruhen sie nur auf unbestimmten Vermutungen und unberechtigten Annahmen.

Quételet gebührt das große Verdienst, mit der Anwendung der Wahrscheinlichkeitsrechnung auf die Wirklichkeit Ernst gemacht zu haben[1]). Aber auch er beging den Fehler, daß er zu selbstverständlich die Übereinstimmung der Wirklichkeit mit den aus dem einfachen Urnenschema folgenden Formeln der Wahrscheinlichkeitsrechnung voraussetzte und sie häufig da zu sehen glaubte, wo sie tatsächlich nicht vorhanden ist. Daher liegt ein ungeheurer Vorteil in dem Aufkommen der eigentlich empirischen Methoden, die sich eine unbefangene und sichere Feststellung der tatsächlichen Verhältnisse zur Aufgabe machen und um deren Entwickelung sich in Deutschland besonders W. Lexis und G. Th. Fechner und in England K. Pearson verdient gemacht haben. Hier wird in der Tat die

[1]) Vgl. insbesondere seine Lettres sur la théorie des probabilités appliquée aux sciences morales et politiques (Bruxelles 1846).

mathematische Entwickelung nur ein Hilfsmittel, um das statistische Material systematisch zu verarbeiten. Die Verarbeitung besteht einerseits darin, daß die statistischen Ergebnisse über solche Ereignisse, die in ihrer Verteilung eine gewisse Gemeinsamkeit zeigen, vereinigt werden, und andererseits darin, daß man in bestimmten Verteilungen eine einfache mathematisch ausdrückbare Regelmäßigkeit nachzuweisen versucht.

Das Bezeichnende der Methode darf man vielleicht darin sehen, daß gerade die Rücksichtnahme auf den ursächlichen Zusammenhang, die sonst den Kern der Naturerklärung bildet, vollständig in Wegfall kommt. Es ist wohl gut, nochmals hervorzuheben, daß nach der in Rede stehenden Methode zwischen den einzelnen Fällen keinerlei ursächlicher Zusammenhang, sondern nur eine Gleichartigkeit der Bedingungen bei ihnen allen angenommen wird. Die bei dem Urnenschema herauskommende Verteilung wird ausdrücklich unter der Voraussetzung abgeleitet, daß eine Ziehung mit der anderen außer allem kausalen Zusammenhang steht, daß es für das Resultat einer Ziehung völlig gleichgültig ist, welche Resultate die vorhergehenden Ziehungen ergeben haben. Die Ziehung einer weißen Kugel bleibt in der Sprache der Wahrscheinlichkeitsrechnung gleich wahrscheinlich, auch wenn schon zehn- oder zwanzigmal hintereinander eine weiße Kugel gezogen worden ist.

Der Ausgleich zwischen den Resultaten der einzelnen Ziehungen ist kein mechanischer, er beruht nicht auf einer Wirkung, welche die Resultate der einen Ziehung auf das Resultat der anderen ausüben. Er ist nur ein statistischer, d. h. wir haben uns zu denken, daß er da zustande kommt, wo die Bedingungen des Geschehens, soweit sie festliegen, unverändert bleiben. Wenn es eine Ordnung des Geschehens in dem Sinne gibt, daß für das

Resultat des einen Falles es nicht gleichgültig ist, welches die Resultate der vorhergehenden Fälle waren, so bleibt diese Ordnung hier unberücksichtigt, sei es nun, daß sie in einer gewissen Neigung der gleichartigen Resultate, sich räumlich oder zeitlich zusammenzuschließen oder in einer bestimmten prädestinierten Verteilung der verschiedenen Resultate bestehen soll. Das ganze Schwergewicht der Betrachtung ruht darauf, daß eine Erklärung der stattfindenden Verteilung auch möglich ist, ohne einen inneren Zusammenhang der Einzelergebnisse vorauszusetzen.

Wenn die Beiseiteschiebung des kausalen Zusammenhanges das Bezeichnende an den angestellten Betrachtungen sein soll, so scheint dieses Prinzip nur bei der genetischen Erklärung des Zufalls durchbrochen zu sein. Es ist aber leicht zu erkennen, daß auch hier nicht das Zufallsereignis aus einer großen Menge voneinander unabhängiger Einzelursachen kausal erklärt werden soll, sondern daß es vielmehr als zusammengesetzt erscheint aus einer großen Menge voneinander unabhängiger Einzelmomente. Das Wesentliche ist auch hier wieder gerade das Fehlen des kausalen Zusammenhanges zwischen den einzelnen Bestandteilen des Zufallsereignisses. Es bleibt also immer das Fehlen des kausalen Zusammenhanges das Bezeichnende für die genetische Erklärung der Zufallsereignisse, gleichgültig, ob wir dieses Fehlen als ein absolutes oder als ein relatives, d. h. als das Fehlen einer engeren kausalen Verknüpfung, ansehen wollen.

Aber die genetische Erklärung des einzelnen Zufallsereignisses war nicht das, worauf die angestellten Betrachtungen hauptsächlich abzielten. Im Gegenteil kann man ihr Wesen darin erblicken, daß sie von der Betrachtung des Zufalls im einzelnen Ereignisse ablenken, daß sie die Fragestellung vielmehr auf die Gesamtheit der Erscheinungen hinwenden.

Auch von vornherein wird man zugeben, daß das einzelne Zufallsereignis nicht das ist, was im Grunde unsere Teilnahme erweckt, daß vielmehr die wirkliche Aufgabe in der Beantwortung der Frage liegt, wie die Zufallsereignisse in ihrer Gesamtheit auf das Getriebe der Welt einwirken. Die Antwort ist klipp und klar die, daß das, was im einzelnen Ereignis als zufällig und unberechenbar erscheint, in der Totalität der Erscheinungen durch einen gewissen Ausgleich beseitigt wird. Allerdings eine Erklärung, die im tieferen Sinne befriedigt, für diesen Ausgleich zu finden, ist uns nicht gelungen. Unsere Betrachtung blieb auch hier auf die Beobachtung des Tatsächlichen und die Feststellung der darin liegenden Regelmäßigkeiten beschränkt, genau so wie sie es da ist, wo die mit einer durchgängigen Kausalität des Naturgeschehens in Zusammenhang stehenden „Naturgesetze“ den Gegenstand der Untersuchung bilden.

Daß eine allgemeine genetische Erklärung des Zufalls nicht geliefert ist, gibt sich auch darin zu erkennen, daß nach der statistischen Theorie ein Ereignis als zufällig nur innerhalb einer bestimmten Gesamtheit erscheint. So ergab sich die Verteilung der Körpergröße unter den durch die Aushebungen in einem großen Gebiete herausgegriffenen erwachsenen männlichen Individuen als die typische Zufallsverteilung. Dabei können wir die Körpergröße, die ein Mensch erreicht, doch nicht als rein zufällig hinstellen. Im Gegenteil sind uns bestimmte Momente, z. B. die Körpergröße der Eltern, bekannt, die einen Einfluß auf das körperliche Wachstum ausüben. Diesen und ähnlichen Einflüssen nachzugehen, war hier nicht unsere Aufgabe. Es scheint aber nötig, zum Schluß auf ihr Bestehen noch nachdrücklich hinzuweisen, damit nicht der Eindruck entsteht, als solle aus dem Vergleich mit dem Schema der Glücksspiele, der uns für die mathematische Behandlung die Handhabe gegeben hat, eine innere Gleichartigkeit gefolgert werden, als solle verkannt werden, wie ungleich verwickelter in ihrer inneren Beschaffenheit die Vorgänge in der menschlichen Gesellschaft sind, als die wenigstens beim ersten Anblick sehr einfach scheinenden Vorgänge der Urnenziehungen.

Namenverzeichnis.

(Die Zahlen bedeuten die Seiten.)

9 789356 902831

Printed at Repro India Ltd.